U0177688

升级版
UPDATED VERSION

$\mathcal{D}im\ \mathcal{S}um$ in Hong Kong

香港点心

高级点心师

梁伟山 编著

SPM 南方出版传媒

广东科技出版社 | 全国优秀出版社

·广州·

本书中文简体版由香港万里机构出版有限公司授权广东科技出版社有限公司在中国内地出版发行及销售

广东省版权局著作权合同登记

图字：19-2020-179号

图书在版编目（CIP）数据

香港点心．高级点心师：升级版/梁伟山编著．—广州：广东科技出版社，2022.1

ISBN 978-7-5359-7735-9

Ⅰ．①香…　Ⅱ．①梁…　Ⅲ．①面点—食谱—香港Ⅳ．①TS972.132

中国版本图书馆CIP数据核字（2021）第185026号

香港点心·高级点心师（升级版）
Xianggang Dianxin · Gaoji Dianxinshi（Shengji Ban）

出　版　人：严奉强

责任编辑：严　旻

装帧设计：友间文化

责任校对：高锡全

责任印制：彭海波

出版发行：广东科技出版社

　　　　　（广州市环市东路水荫路11号　邮政编码：510075）

销售热线：020-37607413

http://www.gdstp.com.cn

E-mail: gdkjbw@nfcb.com.cn

经　　销：广东新华发行集团股份有限公司

印　　刷：广州一龙印刷有限公司

　　　　　（广州市增城区新塘镇荔新九路43号千亿产业园　邮编：510700）

规　　格：787mm×1 092mm　1/16　印张11　字数220千

版　　次：2022年1月第1版

　　　　　2022年1月第1次印刷

定　　价：59.80元

前言

　　香港点心是中国饮食界的骄傲，名闻遐迩，扬威海外，风头曾经一时无两。随着年代变迁，香港点心行业由盛变衰，甚至出现青黄不接的尴尬局面。吸引不到年轻人入行，加上昔日旧制度下的点心制作标准跟不上形势发展，失去制作准则，有些师傅又不了解个中原理，令点心创作裹足不前，缺乏新意，令人惋惜。

　　笔者认为，要重新振兴点心行业，必须建立点心的制作标准；要令点心行业重拾昔日风光，应想方法唤起普罗大众对点心界的关注。有见及此，故笔者如今毅然与万里机构出版有限公司合作出版这本全面剖析点心制作秘技的书籍。本书以承前启后为目标，希望为读者带来新鲜的阅读感受，同时，借助出版界的影响力，给予业界一点鼓舞和支持，并分享制作经验，让点心行业出现新景象。

　　本书是一部完整的点心和小食制作图书，介绍了80多款香港常见点心和小食，采用精简的文字配合图片介绍点心的标准规范，并以实例点明成败关键，最后从科学角度分析点心制作的基本原理，是一本集实用性、资讯性和科学性等特点于一身的专业书籍。

编辑的话

　　本书是我社2011年引进香港万里机构出版有限公司的"香港点心"丛书的一册，应业界要求，现修订再改。为体现香港风貌，满足读者的阅读体验，部分名词保持原貌，附注内地对应词语。最后，感谢万里机构出版有限公司和作者对本书出版的支持，以及读者朋友对本书的厚爱。

| 目录

| 冻糕、软皮点心类

| 小食类

| 包类

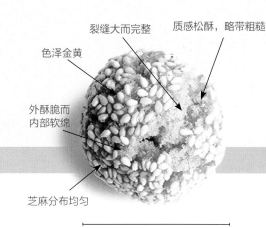

裂缝大而完整

质感松酥,略带粗糙

色泽金黄

外酥脆而
内部软绵

芝麻分布均匀

直径3厘米

笑口枣

炸焗、酥类

材料

面粉600克
砂糖225克
梳打粉8克
泡打粉11克
清水190克
生油75克

饰面
清水适量
白芝麻适量

做法

1. 先将砂糖、生油和清水完全混合,再加入其他材料混合,搓揉成面团,但切不可起面筋。
2. 把面团搓长,出体,每粒重9克,搓圆后蘸清水,再滚上白芝麻,用手轻轻按实。
3. 生油烧至八成热,以中火放入小面团,熄火,待小面团浸至自动浮起,再生火炸爆裂,色泽呈金黄色便成。

TIPS

1. 浸炸笑口枣的油温必须控制得宜。油温太低,面团吸油过多,变得松散,不能成形,甚至碎成小块飘散;油温过高,小面团未浸涨表面就变焦黑,内里未熟透。
2. 这是酒席上的主打酥类点心。
3. 出体:制作点心常用术语,指做包时分开面团的步骤。意即把面团搓长,再用手撕成小团。
4. 梳打粉,即苏打粉。

泡打粉

泡打粉是烘焙中常用的膨松剂，与面团或面糊之类带有水汽的物质接触会发生化学反应，产生的气体令面团或面糊生成微细气泡，使蛋糕、面包或布甸（布丁）自然胀发，形成如海绵般柔软的质感。

原来如此

Q 为何要使用浸炸法做笑口枣？

A 油温的高低会直接影响面团的膨胀和糊化作用。用温油浸炸法处理笑口枣，能使面团逐渐膨胀定型。其后再提高油温，使淀粉迅速脱水，面团外层变酥脆。然而此时面团内部仍未熟透，故熄火后利用余温慢慢浸熟面团。此时面团内的空气因受热而膨胀，笑口枣体积增大，密度变低，制品便会浮起。利用复炸法减少炸物的含油量，可避免制品回潮，还可增加炸物的内外受热差距，达到外面焦酥、内里软嫩的效果。

专业指导

笑口枣的爆裂处的质感看上去不够酥脆，面团有点死实，质感太硬。

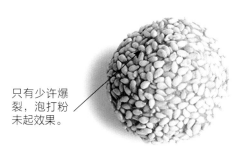

只有少许爆裂，泡打粉未起效果。

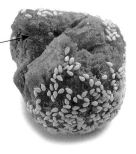

笑口枣的造型不够圆。搓揉时没有搓圆便投入油镬中，所以面团起角。

火力过猛，笑口枣变焦黑。

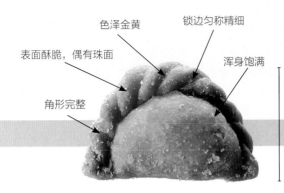

表面酥脆，偶有珠面

色泽金黄

锁边匀称精细

浑身饱满

角形完整

3厘米宽

直径4厘米

油角

材料

面团
面粉600克
梳打粉2克
泡打粉1克
生油75克
鸡蛋2个

馅料
芝麻75克
砂糖150克

做法

1. 芝麻洗净，沥干水分。白镬烧热，倒入芝麻，烘至呈淡金黄色，熄火，放凉。

2. 把已炒香的芝麻和砂糖拌匀，备用。

3. 将粉类材料一同过筛，开穴，加入面团的其他材料拌匀，揉搓成团，包好，置一旁待5~10分钟，松筋。

4. 取出面团碾平，用一直径5厘米的圆模具在面皮上压出圆面皮。

5. 在每一片圆面皮上放1茶匙馅料，对折，捏实边缘，收折封口，锁边，置一旁，在上面盖一块布，防止油角表面风干。

6. 烧热油镬，油温六七成热时，放入油角，一镬不能放太多油角，可放8~10只，视镬的大小而决定。

7. 待油温升高，油角旁出现气泡，用镬铲或筷子轻轻翻动，慢慢将油角炸至金黄酥脆，取出沥油。

TIPS

镬（huò），即锅。白镬即镬里不加任何调味料或油。

芝麻

芝麻含有丰富的B族维生素、维生素E与镁、钾、锌等多种人体必需的元素，主要成分是含脂肪酸的亚麻油酸。亚麻油酸是人体不可或缺的脂肪酸，可调节人体内某些激素的分泌，并具有抗氧化作用，能延缓低密度脂蛋白氧化的时间，可起到保护器官和抗衰老的作用。新鲜的芝麻需要以温度160～190℃烘焙熟透。

认材为用

专业指导

面皮收折锁边时，如力度不均，会出现角形两端不对称，呈一边高、另一边低状。

面团含梳打粉和泡打粉，在揉搓和静止时，会释放二氧化碳，产生的气体使面团表皮出现小气泡，变得不平滑，这是正常的现象。

面皮酥松，容易碎裂。因皮团含油分，油炸后面皮热胀冷缩，生成不同层次，故若不小心碰撞角皮，便可看到它的内部层次。

原来如此

Q 为什么油炸可令食物鲜味不流失？

A 油对原料有保原性。在烹调过程中，用油浸润全部原料，既能传递热量，使原料变熟，又不会破坏原料，因为油炸是利用热力把原料的水分在短时间内逼出，然后迅速将水分蒸发掉。换句话说，油炸使原料中的水分只有出没有入，起了浓缩鲜味的作用，又不易让食物中产生鲜味的物质溶于油中，从而保留了食物的鲜香味道。

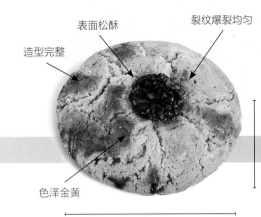

造型完整

表面松酥

裂纹爆裂均匀

色泽金黄

1.5厘米高

直径8～10厘米

合桃酥（核桃酥）

材料

面团
面粉272克
牛油150克
砂糖190克
吉士粉19克
猪油40克
梳打粉3克
泡打粉4克

核桃馅
琥珀核桃300克
白莲蓉150克
糖胶19克
生油19克

扫面
蛋液适量

饰面
核桃适量

做法

1. 先将面团材料中的牛油、砂糖和猪油搓至融合，然后加入面团的其他材料搓匀成团。
2. 将所有馅料材料搓匀便成。
3. 把面团搓长，出体，每粒重11克，包入馅料15克，搓圆按扁，放入焗盘，可按喜好放入核桃。
4. 焗炉预热，放入合桃酥，酥面扫蛋液，用面火约200℃、底火约180℃焗至金黄色为止。其间可以多扫1～2遍蛋液，以增加颜色。

TIPS

1. 此酥以香脆松化为主，有些师傅会加入乱酥（即将各种剩余酥皮混合在一起），以增加酥脆层次，别有一番滋味。
2. 酥面可放一粒核桃作装饰。
3. 传统的合核酥没有核桃成分，时至今日，点心师傅对点心进行了改良，除了保持原本风味，还会加入核桃碎，以丰富口感，增加风味，此道点心若加入琥珀核桃，可使其味道更香浓兼有甜蜜感觉，值得一试。
4. 以前广东称核桃为合桃，故此点心称为合桃酥。

核桃

核桃应在刚成熟时采摘，果仁新鲜和带点湿润，颗粒呈奶白色，可以生吃或烘焙。核桃味道独特，甜中带点苦味，它的苦味来自外皮，去掉外皮可减少苦味。它的脂肪含量甚高，近年有厂商用核桃炼油，作为烹调的食用油，味道浓烈。

越新鲜的核桃，外皮色泽越浅，相反，贮存过久的核桃色泽显得暗哑，没有光泽，味道苦涩，甚至会带有哈喇味（粤语称"油益"味），不受欢迎。一般市面售卖的核桃，有原粒连外壳的核桃仁，也有不带外衣、半粒或磨碎的核桃仁，可按自己的需要来选购，不过，不要把核桃贮藏过久，宜即买即用。

认材为用

专业指导

合桃酥的火色不足，蛋液涂不均匀，酥松质感尚好，裂纹平均。

造型欠佳，酥松度不足，面团过硬，面筋网络过紧，可能因过度搓揉面团所致。

炉温过高，制品出现烤焦的状况。入炉前，先观察炉温，若炉温过高，应熄火降温，或是在焗盘下增加数个底盘，避免烤焦底部。如果面火过高，可用锡纸遮盖，避免制品直接受火。

原来如此

Q 为何烘烤食物前要先预热焗炉？

A 烘烤食物时，提前十几分钟打开焗炉开关，让热空气均匀充满全炉空间，使温度平均（即恒温），然后调校到适当的炉温，此时放入制品才会有满意效果，让面团在合适的温度下进行定型和糊化作用。若不预热焗炉，一开始就放入要烘烤的制品，由于炉内温度不够，未能发挥膨胀剂的功效，不能令面团或面糊里的空气受热膨胀，不能增大制品的体积，还会因延误了面团的烘烤时间，面团或面糊的空气流失，混合物会因密度不同而胀发不起来。若预热后调校的炉温过高，又会令制品表面加热过速，干燥过急而令表面的网络胀破，出现制品爆裂或外皮破损而内部却仍未熟的情况，影响制品的质量和造型。

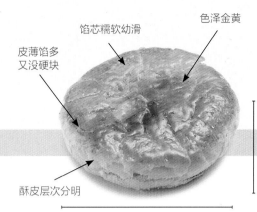

馅芯糯软幼滑

色泽金黄

皮薄馅多
又没硬块

老婆饼

酥皮层次分明

1厘米高

直径6厘米

材料

擘酥皮面团

油芯
猪油 816克
面粉 630克
牛油 212克
薯仔粉（马铃薯淀粉）15克

水皮
面粉816克
猪油90克
鸡蛋110克
清水适量（以能搓揉成团为准）

馅料
糖冬瓜600克
冰肉75克
糕粉225克
清水300克
细砂糖（猪油白砂糖）225克
生油75克（后下）
炒香白芝麻40克（后下）

扫面
蛋液适量

做法

擘酥皮面团

油芯
将猪油和牛油快速打至均匀幼滑，加入其他材料打匀后，放入盆中按平，再放入冰箱中冻硬。

水皮
把所有材料放入搅拌机内用快速打滑成团，以不粘手为标准，然后平放在已冻硬的油芯上面，放回冰箱冻硬。

组合
组合开酥时，以手指能插入面团中心为准。油芯在外，水皮在内，用酥槌或小刀拍几下，开阔成长方形，折4褶后放入冰箱冻15分钟，取出再开阔，折3褶，放入冰箱冻15分钟，开阔后再折3褶。

馅料

将糖冬瓜切成细粒，加入其余材料拌匀，再加入生油和炒香白芝麻，放入冰箱备用。

组合

将擘酥皮开至3毫米厚，用模具压出一块重15克的圆面皮，包入馅料15克，搓圆按扁，可在表面划1～2刀，表面扫3次蛋液。焗炉预热，放入老婆饼，用面火200℃、底火100℃将表面焗至金黄色便成。

糖冬瓜

糖冬瓜是冬瓜加糖腌制的蜜饯。冬瓜质感松软，含纤维，体积庞大，重可达25千克。它味道清淡，瓜肉洁白又多汁，食用时会先削去外皮，因为外皮硬且含苦涩味道。取冬瓜肉与糖同煮，使其外周包裹一层砂糖外衣，有点像潮式反沙芋头，它外表变得粗糙，内里却幼滑细致，味道清甜，入口即溶，是中国人过年的应节食物。

认材为用

专业指导

酥皮表面扫了太多蛋液，仿如扫了一层蛋液膜，故老婆饼表面没有破裂。

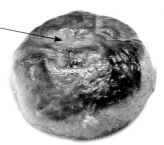

面火的温度不均，所以色泽也显得不均匀，一部分颜色金黄，一部分颜色则近乎深棕。

厚薄适中，蛋液均匀扫面，色泽金黄，表皮松酥，炉火掌控得宜，效果满意。

原来如此

Q 为何用猪油和牛油混合制作酥皮？

A 用混合油脂搓揉酥皮，目的是利用不同油脂的质感和特质来平衡面团的柔软程度。用猪油做的面团较糯软，有韧度，色泽尚白，容易开碾，面团网络幼细纤巧；用牛油做的面团，质感比较硬实兼有韧度，面团网络比猪油面团略粗，色泽偏黄。两者结合使用，互补不足，又能充分发挥两者的优势。

TIPS

1. 折叠面团时，可用3×3×4或4×3×3的折法，只要效果能达到松化的目的即可。高级酒店或酒家，会把猪油分量减半，改用牛油，效果更佳。
2. 擀酥皮面团完成后，可切成三份以保鲜纸包好，用时开阔至所需厚度，用花模具切割面团备用。

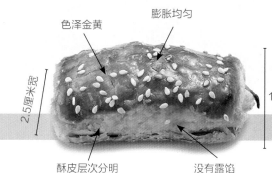

色泽金黄

膨胀均匀

2.5厘米宽

1.5厘米高

酥皮层次分明

没有露馅

6厘米长

叉烧酥

材料

擘酥皮面团

油芯
猪油816克
面粉630克
牛油212克
薯仔粉15克

水皮
面粉816克
猪油90克
鸡蛋110克
清水适量（以能搓揉成团
　为准）

馅料
叉烧910克
叉烧包芡汁1050克（参阅
　"叉烧包"，第136页）
洋葱粒150克
白芝麻11克

扫面
蛋液适量

饰面
糖水适量
芝麻适量

做法

擘酥皮面团

油芯
将猪油和牛油快速打至均匀幼滑，加入其他材料打匀便成。然后放入盆中按平，放入冰箱中冻硬。

水皮
把所有材料放入搅拌机内快速打滑成团，以不粘手为标准，然后平放在已冷藏好的油芯上面，再放回冰箱冻硬。

组合
开酥时，以手指能插入面团的中心为准。油芯在外，水皮在内，用酥槌或小刀拍几下，开阔成长方形，折4褶后放入冰箱冻15分钟，取出再开阔，折3褶，放入冰箱冻15分钟，开阔后再折3褶。

馅料

全部材料混合拌匀。

组合

擘酥皮碾成适当厚度，切成6厘米×2厘米的长方形，包入15克馅料，对折，用蛋液封口，收口向下，扫上蛋液，待干后再扫一次蛋液。焗炉预热，将酥放入焗炉，以面火190℃、底火170℃焗3分钟，转底火为160℃焗至酥皮呈金黄色，扫一层糖水，撒上芝麻，焗至金黄色即可。

叉烧

采用优质梅头猪肉或半肥瘦猪肉，以磨豉酱、海鲜酱、麦芽糖、玫瑰露酒等调味料腌制，经烧烤后，色泽艳红，拥有自然光泽，肉边偶有焦香，充满蜜味甜香。它属于烧味档的必备食物，优质叉烧入口甘香，含浓郁肉汁，可以直接享用，或是作配料或馅料使用。

碾开酥皮时力度不均，酥皮在烘烤时因受力不均匀而胀发不均。

馅料太多，酥皮碾得太薄，出现透馅。

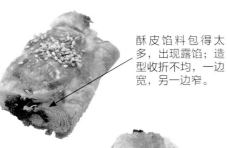

酥皮馅料包得太多，出现露馅；造型收折不均，一边宽，另一边窄。

收口粗劣，导致馅料流出，容易造成粘底。

Q 为什么烘烤酥皮时要用不同炉温呢？

A 酥皮是利用两种不同特质的面团折叠而成。油芯面团脂肪含量高，质感比较硬实；水皮面团则含有水分，容易发生糊化作用，面团的伸展能力强，但不够脆。将两者结合层叠，形成一层层的清晰层次。不同的面团受热程度也有差异，油芯面团因含油多，需要较高温度才能使面团膨胀，水皮面团湿度比较高，需要的温度较低。故先用高温拉起面团作定型和膨胀，然后改用低温，慢慢烘熟含水分多的馅料。值得一提的是，接近馅料的面团会不够干，总是黏糊糊的，这是正常的现象。

形状自然

色泽金黄

3.5厘米宽

馅料软糯有质感

4厘米长

鸡仔酥

材料

皮面团
面粉300克
麦芽糖150克
砂糖75克
生油75克
鸡蛋75克
清水适量

馅料
蒜蓉300克
干葱150克
南乳1块
冰肉600克
炒香芝麻150克
糕粉225克
砂糖450克

扫面
蛋液适量

做法

皮面团

把所有材料放入搅拌机内，慢速拌匀，再快速搓至幼滑。

馅料

冰肉切碎，把所有材料搓匀成团。

组合

面团搓长，出体，每粒重11克，包入馅料11克，收口，按扁，放入焗盘内，面扫蛋液，放入已预热至180℃的焗炉内焗至金黄便可。

TIPS

鸡仔酥尺寸有大有小，可按需要造型。

南乳

南乳由芋头发酵而成，色泽艳红，味道独特，质感硬实中带点软绵，入馔后会把食材变红色，使菜肴变得非常艳丽，色泽诱人。由于它含大量盐分，咸味十足，做点心时不用下很多，适宜与片糖一并使用，以平衡味道。

专业指导

手做鸡仔酥造型自然，拥有天然爆裂纹理，馅料略带湿度，具韧度。

蛋液扫得太多，把面团表面完全覆盖，表面平滑，欠缺松酥质感。

鸡仔酥用机械制成，造型统一，馅料甘脆，质感硬脆。

原来如此

Q 麦芽糖在糕点制作中扮演什么角色？

A 麦芽糖又称为饴糖，是以米或麦芽为原料制成，甜爽兼韧度十足，色泽棕褐晶莹，在烹饪中起增色、调味和黏合等作用。加入面团中，除了增加饼皮色泽，还可以黏合零散材料。如果麦芽糖用量过多，会令饼皮黏而带韧度，口感有点像回潮。

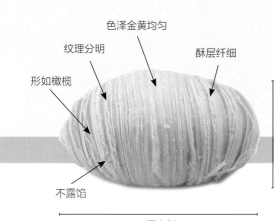

色泽金黄均匀

纹理分明

酥层纤细

形如橄榄

3厘米宽

不露馅

7厘米长

金腿萝卜丝酥饼

材料

擘酥皮面团

油皮
筋面粉1200克
猪油600克

水皮
面粉1200克
砂糖150克
鸡蛋2个
猪大油300克
清水适量（以能搓揉成团为准）

馅料
萝卜细丝1200克
金华火腿蓉15克
细葱花15克
猪大油75克

调味料
盐11克
味粉23克
砂糖26克
生粉6克（后下）

做法

擘酥皮面团

油皮
所有材料拌匀，搓至幼滑。

水皮
清水、砂糖和猪大油混合，搓至砂糖溶化，加入鸡蛋和面粉揉成团。

组合
水皮包裹油芯，做成"大油面包"，用酥棍揉成长方形，折3褶，碾成长方形面条，再卷成圆卷筒，即为"一字酥"。

馅料
将萝卜细丝用滚水焯软，用葱油炒香，下调味料及汤煮入味，用生粉勾芡，加入麻油拌匀（包馅时加入细葱花、金华火腿蓉拌匀）。

组合
取出"一字酥"，切件，每件约5毫米厚，用酥棍开成直径7厘米的圆皮，包入馅料30克，放入炸锅，用中火浸至浮面，转大火炸至金黄色便成。

TIPS

味粉，即味精。

萝卜

萝卜是块根类蔬菜，外表洁白，口感爽脆，汁液清甜，生吃、熟食皆宜。它源自东南亚，现世界各地均有种植，由于各地土壤和气候均有不同，出产的萝卜质感、味道和外形也相异。中东出产的萝卜明显上宽下窄；法国出产的萝卜纤瘦细长；日本出产的萝卜有的品种整根宽窄均匀，呈圆球形，汁液不多，甜度适中，外皮较厚。内地出产的萝卜比例匀称，椭圆形、长形的都有，长度由小至1厘米到大至45厘米，味道由温和至辛辣不等；香港出产的萝卜外皮薄，汁水多而鲜甜，尤以冬季出产的品质最优。近年流行的子芽萝卜，即嫩萝卜，可连根带叶同吃，适合焖煮或煲汤。

认材为用

专业指导

收口过于仓促，不能贴紧，酥皮会因受热而弹出，容易露馅。

酥皮可能在碾薄时破了，馅料粘在酥皮上而形成焦糊黑点。

碾压酥皮时用力不均，层次会不均匀。同时，萝卜丝酥饼仍处于温热时，会因互相碰撞或挤压而压扁酥层表面。

原来如此

Q 制作萝卜丝酥饼为何要用油作传热媒介？

A 油或水均可作传热媒介，但会令成品出现不同的特点。制作萝卜丝酥饼时，应该以油作传热媒介。食用油的沸点比水高，热油可使食物表面水分迅速汽化并在食物表面形成气泡，限制传入食物内部的热量，使成品内部水分流失较少。由于食物内部和表层的水分流失程度有很大差异，酥饼便会形成外焦内嫩的质感。

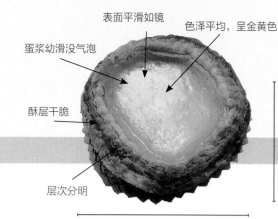

表面平滑如镜

色泽平均，呈金黄色

蛋浆幼滑没气泡

酥层干脆

层次分明

4厘米高

直径7厘米

蛋挞

材料

擘酥皮面团

油芯
猪油816克
面粉630克
牛油212克
薯仔粉15克

水皮
面粉816克
猪油90克
鸡蛋110克
清水适量（以能搓揉成团为准）

蛋浆
糖132克
滚水300克
鸡蛋4个
花奶75克
香草油少许

做法

擘酥皮面团

油芯

将猪油和牛油用搅拌机快速打至均匀幼滑，加入其他材料打匀便成。然后放入盆中按平，放入冰箱中冷藏至硬。

水皮

把所有材料放入搅拌机内快速打滑成团，以不粘手为标准，然后平放在已冷藏好的油芯上冷藏至硬。

组合

开酥时，以手指能插入面团中心处为准。油芯在外，水皮在内，用酥槌或小刀拍几下，开阔成长方形，折4褶后放入冰箱冷藏15分钟，取出再开阔，折3褶，放入冰箱冷藏15分钟，开阔后再折3褶。

蛋浆

把糖倒入滚水中拌至溶解，加入鸡蛋、花奶、香草油搅匀，用隔筛过滤，备用。

组合

将挞皮按入挞模中，倒入八分满的蛋浆。将蛋挞放入已预热至230℃的焗炉，焗约10分钟便成。关掉面火，只开底火，待温度降至150℃，继续焗10分钟才出炉。

花奶

新鲜牛奶经均质化处理，去除其中60%的水分，再添加维生素D，以罐装或玻璃瓶装出售。所用的牛奶按脂肪含量分为全脂牛奶、低脂牛奶和脱脂牛奶。全脂牛奶的脂肪含量为7.9%以上，低脂牛奶的脂肪含量只有3.8%，脱脂牛奶的脂肪含量则低于0.5%。花奶属蒸发乳品，浓度颇高，质感幼滑，含微量焦糖，色泽较牛奶深黄，冷冻后可搅拌成发泡状，作鲜忌廉（奶油）的代替品。

认材为用

专业指导

蛋挞边缘接近炉边，有少许酥皮被烘焦糊，所以蛋挞入炉时，不要太接近焗炉边缘，否则酥皮膨胀时会贴炉而烘焦。

蛋挞的面火温度过高，烘焦酥皮，还令蛋浆被烘至过火而变焦。

蛋挞的蛋浆烘过火，使出炉后蛋浆遇冷空气而迅速下沉，变得不够平滑。

原来如此

Q 为何蛋浆只能倒八分满？

A 蛋浆含奶和糖，密度高且浓稠，质感显得细密绵软，色泽光亮。事实上，鸡蛋里含有高黏度的蛋白质，打蛋时，液层产生应力，导致液体向中心紧缩，破坏蛋白质的特定空间构型，使肽链伸展开，同时空气渗入蛋白质内部，令体积膨胀增大。蛋浆内的空气受热膨胀，如果蛋浆注得太满，便会因膨胀而满泻，或是甜蛋浆粘在酥皮上而胀发不起，最终令制品不够完美。

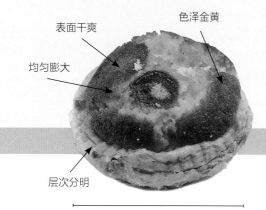

表面干爽

色泽金黄

均匀膨大

层次分明

5厘米高

直径6厘米

椰挞

材料

擘酥皮面团

油芯
猪油816克
面粉630克
牛油212克
薯仔粉15克

水皮
面粉816克
猪油90克
鸡蛋110克
清水适量（以能搓揉成团为准）

馅料
清水380克
牛油115克
面粉150克
椰糠380克
鸡蛋3个
吉士粉19克
泡打粉8克
砂糖756克

做法

擘酥皮面团

油芯
将猪油和牛油用搅拌机快速打至均匀幼滑，加入其他材料打匀便成。然后放入盆中按平，放入冰箱中冷藏至硬。

水皮
把所有材料放入搅拌机内快速打滑成团，以不粘手为标准，然后平放在已冷藏好的油芯上冷藏至硬。

组合
开酥时，以手指能插入面团中心处为准。油芯在外，水皮在内，用酥槌或小刀拍几下，开阔成长方形，折4褶后放入冰箱冷藏15分钟，取出再开阔，折3褶，放入冰箱冷藏15分钟，开阔后再折3褶。

馅料

所有材料拌匀，用时先搅动再舀入酥皮内。

组合

将挞皮碾至3毫米厚，压出面皮，按入挞模，再将椰挞馅料放入已做好的挞壳内，转放入已预热至190℃的焗炉中，焗约15分钟便成。

椰糠

椰子盛产于热带，属带硬壳的水果，果肉洁白，细致柔软，汁液幼滑如牛奶，净肉可鲜吃、磨丝、榨汁和制成蜜饯，是亚洲、非洲和南美洲的常用材料，其甜蜜幼滑的味道和口感令烹制的美食风味独特，质感嫩滑。 新鲜椰丝和椰汁很容易变坏，建议即买即用。椰糠是干燥制品，不易变坏，味道香浓而没有甜味，质感粗硬碎屑，适合做馅料、爽粉或表面装饰。

炉火猛，高温导致椰挞表面爆裂。酥皮和表层色泽金黄干爽，造型仍是完美的。

酥皮碾得不够平，出现凹凸不平的情况。

酥皮太厚，馅料不均匀，导致馅料胀大时不均衡，出现倾斜状况，造型不完美。

Q 为何酥皮会胀发不均匀？

A 酥皮面团折叠时，碾压的力度不均匀，水皮和油芯便会厚薄不一，使成品的酥皮出现层次不均匀的情况。当把酥皮挤压在饼模内时，若用力不均，也会令制品的酥皮不能匀称地胀大。此外，馅料的分量是否恰当，会直接影响它的胀发。馅料太少，酥皮受热胀发会失平衡，可能会出现酥皮一边高、另一边低的状况，或是酥皮缺乏重压而膨胀过高。相反，馅料过多、过重，酥皮不能胀大，或是馅料因酥皮上升而满泻，粘在酥皮上胀不起来。

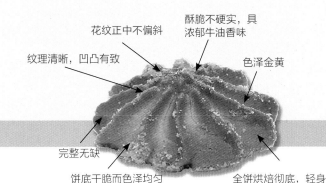

酥脆不硬实，具
浓郁牛油香味

花纹正中不偏斜

纹理清晰，凹凸有致

色泽金黄

牛油曲奇

完整无缺

饼底干脆而色泽均匀

全饼烘焙彻底，轻身

直径约4厘米

材料

牛油250克
糖霜100克
鸡蛋1个
低筋面粉300克（过筛）

做法

1. 在牛油中加入糖霜，以中速搅打至呈奶白色。
2. 加入鸡蛋大力搅透。
3. 慢慢拌入面粉，做成曲奇糊。
4. 把曲奇材料放入装有菊花形裱花嘴的袋内，挤出菊花形。
5. 放入190℃的焗炉中焗15分钟，或铜至呈金黄色即成。

TIPS

1. 取出曲奇，晾凉后，在底部涂上黄梅果酱，合上另一同样大小的曲奇，可做成夹心曲奇。
2. 曲奇可蘸巧克力液或挤一点巧克力线作为装饰。
3. 短时间高温烘焙，可使曲奇保持优美形态。
4. 曲奇的四周和底部变淡金黄色时，表示曲奇快烤好了，必须小心看管炉火，否则稍有不慎就会令曲奇变焦。

糖霜

由砂糖研磨成粉末状的糖，混入了少许粟粉（玉米淀粉），以防止结块。制作牛油曲奇的糖霜有迅速溶解的特质，适用于制作糖衣（混入蛋白或清水，用以裹在糕点表面作为装饰）、皇室糖霜、枫当糖。坊间有两种糖霜——易溶糖霜及不溶糖霜，两者的特点均是粉末状。前者可与其他材料融合，用于烹煮和装饰；后者因其不易溶解的特质，所以只适合作饼面装饰。

原 来 如 此

Q　擂油法做曲奇的好处是什么？

A　有三种做曲奇的方法：擂油法（creaming method）、一站式法（one-stage method）和泡沫法（foam method/sponge method）。用擂油法做高油脂面团，先把油脂、砂糖和香味剂以中速混合拌匀，然后才加入鸡蛋和液体材料，最后混入面粉和发酵物料。采用此法可制作硬或挺身的面团。制作曲奇时，可以预先准备，放冰箱冷藏，用时才取出。以中速混合拌匀油脂和糖，好处是当该混合物呈现乳胶状时，空气会随着搅拌进入混合物内，形成气泡，使制品烘焙后质感变光亮。若用高速搅制面团，则难以形成空气小室，难以让发酵剂发挥作用，因而胀发不起，使制品变得硬实。

专 业 指 导

烘焙时间过久，色泽变褐棕色，在东方人眼中已属过火，但西方饼师则表示火候刚好。如果曲奇味道没有变苦，则仍可接受。

烘焙火力不足，曲奇色泽不足，略嫌淡了一点，这可能与焗炉的炉温不均匀有关。

挤面糊时，若力度不均，会使收口偏离中心，即做曲奇的手法不正确也会导致曲奇的纹理偏移。

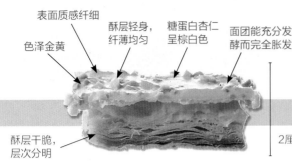

表面质感纤细
色泽金黄
酥层轻身，纤薄均匀
糖蛋白杏仁呈棕白色
面团能充分发酵而完全胀发

酥层干脆，层次分明

2厘米高

5~6厘米长

杏仁曲奇条

材料

面团
面粉150克
筋面粉150克
牛油75克
鸡蛋1个
清水188克

酥芯
猪油（板油/大油）375克
牛油225克
面粉300克

糖蛋白杏仁
砂糖120克
蛋白2个
柠檬汁1茶匙
杏仁片50克

做法

面团

1. 把做面团的所有材料混合揉搓成团，放入冰箱冷藏10分钟，取出擀薄。
2. 酥芯材料揉搓成团，放在已碾开的面团上，并将四角拉起包裹，擀薄，折3褶，放冰箱冷藏10分钟。
3. 取出碾长，折4褶，共2次，放回冰箱冷藏12小时。
4. 将酥皮用面棍擀压碾薄至2毫米厚，切出两片8厘米×16厘米的长面皮。

糖蛋白杏仁

1. 把蛋白打起，加入砂糖续打至呈硬峰状，备用。
2. 将糖蛋白涂抹在酥皮上，放上杏仁片。

组合

1. 把已涂抹糖蛋白和放上杏仁片的酥皮面团切成长条形，长约5厘米，宽约2厘米。
2. 转放在已垫焗饼纸的焗盘上，放进已预热至180℃的焗炉里，烘焗20分钟，取出，放凉即成。

杏仁片

制作糕点的杏仁含有丰富的单不饱和脂肪酸，有益心脏，当中含维生素E等抗氧化物质，还含有蛋白质、脂肪、碳水化合物、钙、磷、铁、纤维素和胡萝卜素等，营养价值十分丰富。中医认为它具有润肺清火、排毒养颜的功效。一粒优质杏仁应完整无缺，没有虫口，散发淡淡香气，没有"油益"味道（即哈喇味），颗粒硕大，带有甜味。

认材为用

原来如此

Q　千层酥/擘酥皮的层次从哪里来？

A　擘酥皮是由水皮包油芯并经3×3×4或4×3×3折叠后碾压而成的折叠面团，形成千层糕（mille feuille）似的形状，故又称为千层页（thousand leaves）或纤薄层次。成品酥软，其膨胀而起的效果有赖于面皮层次间的蒸汽。烘焙使面皮中的水分子受热，在各面皮的夹层间生成蒸汽，撑起轻薄细致的擘酥皮层。

专业指导

擘酥皮折叠过多，造成面皮积叠在一起，烘焙后不能胀起，质感过于硬实。

擘酥皮在制作时碾压不均，存有大量空气，经烘焙而分离。

糖蛋白不够幼滑细致，含有许多细小气孔或泡沫。

糖蛋白的糖分很高，高温容易变焦，所以颜色不够白而呈棕色。

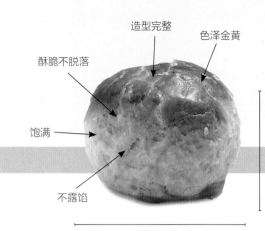

造型完整

色泽金黄

酥脆不脱落

饱满

不露馅

5厘米高

5厘米宽

蛋黄酥

材料

擘酥皮面团

油芯
猪油816克
面粉630克
牛油212克
薯仔粉15克

水皮
面粉816克
猪油90克
鸡蛋110克
清水适量（以能搓揉成团为准）

馅料
莲蓉2100克
熟咸蛋黄18个

扫面
蛋液适量

做 法

擘酥皮面团

油芯
将猪油和牛油用快速打至幼滑，加入其他材料拌匀便成。然后放入盆中按平，放入冰箱中冷藏至硬。

水皮
把所有材料放入搅拌机内用快速打滑成团，以不粘手为标准，然后平放在已冷藏好的油芯上冷藏至硬。

组合
开酥时，以手指能插入面团中心处为准。油芯在外，水皮在内，用酥槌或小刀拍几下，开阔成长方形，折4褶后放入冰箱冷藏15分钟，取出再开阔，折3褶，放入冰箱冷藏15分钟，取出开阔后再折3褶。

馅料
咸蛋黄一分为八。莲蓉出体，每粒重15克，包入咸蛋黄，搓圆。

组合
擘酥皮碾薄，用7厘米的模具压出圆皮，包入馅料，放入焗盘，面扫蛋液2～3次。转于已预热至190℃的焗炉内，用面火190℃和底火170℃焗3分钟，底火改用160℃烘焗至金黄色，约10分钟。

莲蓉

莲蓉是莲子的加工制品，质感挺身兼糯软松化，入口即溶。它的主要原料来自莲子的淀粉质，经吸纳水分、加热令莲子的淀粉发生糊化作用，坚硬质感变得柔软。取出加入油与砂糖，不断翻炒，令物料不断升温，水分蒸发，糖的浓度升高，增加了黏度，最后所有材料黏合在一起，可塑性甚高，与淡味的皮团特别配，中式点心师特别喜欢使用。

认材为用

专 业 指 导

制品造型不够完整，可能因为油芯与水皮比例不合适，油芯重，所以质感显得酥脆，容易剥落。

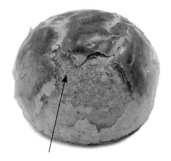

良好的酥皮，油芯和水皮的比例准确，酥层分明，能够一层层剥落，不会碎屑遍地。

原 来 如 此

Q 为何酥皮制品表面的龟裂程度不同？

A 酥皮的龟裂程度直接受面团质感、表面干燥度、扫面蛋液厚度影响。酥皮组合来自水皮包油芯的概念，利用折叠产生层次，如果水皮和油芯分量比例有变，便会令酥层的效果出现明显变化。面团过湿，酥层容易糊化；面团太干，容易碎裂，不完整。若制品处于室温而没有封盖，表层因水分蒸发而变得干燥，入炉后高温会令制品表面快速干燥，变得干硬，容易碎裂。若蛋液涂得过厚，会把酥皮表层粘牢，使其不易碎裂，能整块剥落；相反，若蛋液涂得太薄，表层在烘烤时没有厚蛋液黏膜保护，容易碎裂。

色泽油润而呈棕色

质感绵密松软

表面光滑

5厘米宽

6厘米长

蜂蜜蛋糕

材料

面粉375克
梳打粉2克
鸡蛋10个
炼奶410克
蜂蜜113克
油225克
清水675克
砂糖338克

做法

1. 将梳打粉、砂糖和鸡蛋同置于大碗中，搅拌至浓稠，以抽起蛋液在表面写字而不立即下陷为准。
2. 将炼奶、蜂蜜和清水一同拌匀，再慢慢加入鸡蛋混合液中搅拌至完全融合。
3. 倒入已过筛的面粉，用手轻轻搅至融合而没有粉粒。
4. 加入油拌匀，倒进不粘底的长形糕模内。
5. 焗炉预热至180℃，将糕模放入炉中，用面火200℃、底火180℃烘焙15分钟即成。

TIPS

1. 烘焙蛋糕时用锡纸遮蔽表面，可避免蛋糕未熟时表面已变焦。
2. 糕盆无须垫纸，因为这款蛋糕需要四周的颜色均呈棕色。

蜂蜜

蜂蜜是蜜蜂采集花蜜后，经其蜜囊转化，然后在蜜巢中成熟、脱水形成的甜味黏稠物质。蜂蜜的主要成分是果糖、葡萄糖，还含有各种维生素、矿物质和氨基酸等。由于它是糖的过饱和溶液，故处于低温时会产生结晶，结晶部分是葡萄糖，而不产生结晶的部分主要是果糖。此外，蜂蜜的水分含量少，而糖分高，故细菌和酵母不易存活其中，无须放冰箱保存。值得一提的是，蜂蜜在高温时不容易感觉到甜味，因此，使用时要注意用量及温度。若将蜂蜜加入红茶中，红茶中的单宁酸与蜂蜜里的铁分子结合，会使茶色变黑；若将蜂蜜加进绿茶，茶色则会变成紫色。

为什么用蜂蜜做出来的蛋糕很绵软？

蜂蜜是烹调常用的甜味剂，主要成分是果糖和葡萄糖，两者均具有很大的吸湿性，能令糕点的质感变绵软，可防止食品因干燥而出现龟裂的状况，并可在一定时间内令其保持柔软、有弹性。

专业指导

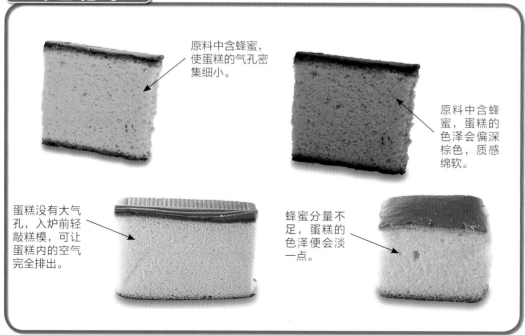

原料中含蜂蜜，使蛋糕的气孔密集细小。

原料中含蜂蜜，蛋糕的色泽会偏深棕色，质感绵软。

蛋糕没有大气孔，入炉前轻敲糕模，可让蛋糕内的空气完全排出。

蜂蜜分量不足，蛋糕的色泽便会淡一点。

炸面
（油炸鬼）

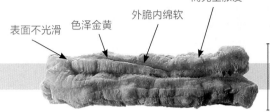

表面不光滑　色泽金黄　外脆内绵软　面团能充分发酵而完全胀发

4厘米宽

20厘米长

材料

筋面粉450克
面粉150克
臭粉8克
梳打粉8克
稀面种225克
碱水0.8克
盐19克
清水约338克

做法

1. 把所有的材料混合揉搓成软滑粉团，置一旁发酵1.5小时。
2. 烧镬，倒油，将油烧至八成热（约170℃）。
3. 面团揉搓数次，其间可洒点粉作粉培，碾长，用刀切成小面条，长约15厘米，重约113克，中间用刀背按压出一条纹理，拉长成面条。
4. 将面条放入油镬中，炸至膨胀且呈金黄色。
5. 取出炸面，沥油便可。

TIPS

1. 稀面种是从初种而来，预先用面粉600克和清水675克调匀，放入有盖的器皿中，置温暖的地方静待约20小时，出现流泻稀松的状态、质感可流动而呈现蜂巢状的大气孔时，取出300克初种，调入面粉600克和清水600克拌匀，放置20小时，待呈流动、带韧度的稀溜溜样时，就是稀面种。
2. 师傅每天会把用剩的面团以300克稀面种×600克面粉×600克清水作比例留种，发酵后留待第二天使用。
3. 面团具强筋性，不要预先拉长面条，下油镬时才处理，否则面条会回缩，达不到预期效果。
4. 昔日，师傅会在炸面团内下明矾（白矾），使炸面变酥脆，但现今香港特区政府因食用卫生原因而禁用明矾，所以现时的炸面不会很酥脆。

筋面粉

筋面粉由小麦磨制而成，不同种类的面粉的磨制过程、粉色、质量、质感和营养成分会有所区别，特别是不同季节播种的小麦会使面粉的质量和筋性（即蛋白质含量）有差异。

面粉种类	颜色	粗蛋白质	吸水率	适用产品
高筋面粉	乳白	11.5%~14%	60%~64%	一般面包
中筋面粉	乳白	8.5%~11.5%	55%~58%	中式点心
低筋面粉	白	8.5%	50%~53%	一般蛋糕

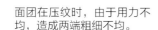

原来如此

Q 炸面是利用油烹法弄脆面团吗？

A 炸是油烹法的一种，是以油作为导热媒介，利用可迅速令食物脱水而由生变熟的方法，令制品达到干爽酥脆的效果。究其原因，油能传导很高的温度，其烟点高，一般在200℃左右，有的油沸点可超过300℃，还可通过不同火力调节油的温度（行内称几成油热），取得不同的效果。此外，油还是良好的增味上色剂，因为食物中的氨基酸等低分子化合物在高温条件下才能释放出浓郁的鲜香味道。

专业指导

面团在压纹时，由于用力不均，造成两端粗细不均。

炸面的表面不平滑，偶有气泡，因面团含发酵剂，故油炸时面团中存有空气的地方便会受热膨胀，形成气泡。

面团压纹时力度不足，故油炸时中间位置会分离。

炸面中间的面团呈环形，出现许多小室，这与面筋纠结在一起所形成的空间有关，嚼口足。

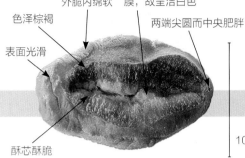

酥芯两旁因面团
胀大而逼破面筋
膜，故呈洁白色

外脆内绵软

色泽棕褐

两端尖圆而中央肥胖

表面光滑

牛利酥

酥芯酥脆

10厘米宽

15厘米长

材料

面团
筋面粉450克
面粉150克
臭粉8克
梳打粉8克
稀面种225克（参阅"炸面"，
　第28页）
碱水0.8克
盐19克
清水约338克

酥芯
筋面粉600克
稀面种150克
臭粉2克
梳打粉4克
泡打粉4克
猪油75克
砂糖300克
清水约263克

做法

面团

　　所有材料混合揉搓成软滑面团，面盖保鲜纸或半湿布，置一旁发酵1.5小时。

酥芯

　　所有材料混合揉搓成团，用保鲜纸包好，置一旁待30分钟，备用。

组合

1. 把面团切成厚约2厘米的小件。
2. 将一个小面团碾成长约15厘米、宽7～10厘米的长条，用湿布抹湿表面，中间放酥芯，两边扫湿，向中间处对折成长卷状。面团和酥芯的比例是2：1。
3. 烧油至八成热，放入牛利酥，炸至金黄色且完全胀大，取出沥油即成。

TIPS

1. "利"，是粤语，意为舌头，香港地区的通俗写法是"脷"。
2. 因酥芯含糖分，所以其表面色泽会略深。
3. 如果用多次翻炸的旧油炸牛利酥，则制品很易变色。

面粉

从面粉的颜色（洁白程度）可判断其来源，越接近麦粒的中央位置，面粉的颜色则越洁白，粉质越好。事实上，也可利用漂白工序增加面粉的洁白程度，但是经人工漂白的面粉色泽白中带灰。此外，面粉的筋性是面筋的网状结构的关键，若筋性过低，则不能建立网状结构，其蛋白质含量达11.5%～14%才足够。

认材为用

原 来 如 此

Q 为什么用猪油？

A 油脂是从动物的脂肪和植物油中提炼而来的。天然油脂不掺入任何化学物质。但在精炼过程中为了适应温度等的变化，或要与其他原料拌和均匀，会掺入乳化剂或氢化程度不同的油脂，以增加稳定性。猪油属动物性脂肪，经精制脱臭、脱色制成，可添加入中式制品中，其油性较好，还具有使制品变酥变松的特质。

专 业 指 导

酥芯经油炸后会融掉而不明显，这是正常的状况，只是口感稍欠缺而已。

酥芯和面团比例不对，酥芯过少。酥芯和面团经油炸后分离，粘不牢固。

面团与炸面一样，所以纵切面的内部结构与炸面相似，但因有酥芯，故中间出现了面团爆裂，四周色泽深而中间色泽淡。

牛利酥的横切面。因面团用滚卷法处理，所以面筋网络的结构变成旋转状，空气孔比炸面略小。

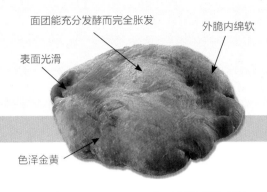

面团能充分发酵而完全胀发

外脆内绵软

表面光滑

咸煎饼

色泽金黄

12厘米长

材料

A料
筋面粉450克
面粉150克

B料
臭粉8克
梳打粉8克
稀面种225克（参阅"炸
　面"，第28页）
碱水0.8克
盐19克
清水约338克
南乳38克

做法

1. 把B料混合调匀，备用。
2. 将A料混合，与B料混合揉搓成软滑面团。
3. 用半湿布盖好面团，防止面团干燥，放置一旁发酵3小时。
4. 将面团分成12～18个小面团，每份面团重75～110克，搓圆按扁，备用。
5. 烧油至八成热，放入咸煎饼，炸至金黄色及完全胀大，取出沥油。

TIPS

1. 可把炸面的头尾或面粉碎加入南乳拌匀，制成面团，可另作他用。
2. 油炸时，可用镬铲按压表面，压出空气。

碱水

碱水是天然碱，无色，带点苦涩味，主要成分是碳酸钠和碳酸钾。制作面制品时加入适量碱水，可使粉状原料在受热分解时吸收水分，达到良好的黏度和韧性，令面团变得有弹性。碱水亦有中和酸性、防腐作用。

专业指导

面团与炸面一样，所以纵切面的内部结构与炸面相似，但因造型不同，内部结构的空间位置分布不同。

咸煎饼经油炸后表面偶有气泡，这是由于面团的空气藏于此，属正常状况。

咸煎饼的周边不平滑，偶有凹凸不平，这是由于面团内藏有空气所致。

原来如此

Q 食物的酸碱度（pH值）是什么？

A 所谓酸碱度，是指酸碱性的强弱程度。pH值大于7为碱性，小于7就是酸性。碱性食物含较多镁、钙、钠等离子，酸忄生食物则含较多硫、氯等离子。面团因含稀面种，酸度大，故需要添加梳打粉，以中和它的酸碱度。当酸与碱混合时便会产生中和作用，生成水和盐。

33

芋角皮糯软甘香

形如橄榄，两角尖圆

色泽金黄

酥丝纤细如蜂巢

3厘米高

6厘米长

芋角

材料

芋角皮团
熟芋头肉600克
熟澄面粉150克
猪油115克

芋角皮团调味料
盐6克
味粉8克
臭粉2克
砂糖15克
麻油、胡椒粉各少许

馅料
鸡肉粒、冬菇粒115克
赤肉碎、虾肉粒各150克
叉烧粒115克

馅料调味料
生油40克
蒜蓉2克
绍酒8克
盐8克
味粉11克
砂糖19克
蚝油11克
鸡汤150克
鸡蛋1个
麻油、胡椒粉各2克（后下）
葱花8克（后下）

做法

芋角皮团

把所有材料搓揉成团。

馅料

先把材料分别用油拉熟。冬菇粒和叉烧粒用滚水煮3分钟，过冷。热镬下生油，爆香蒜蓉，下其他馅料炒香，潵酒，加入调味料煮稠便成。包时加入后下调味料拌匀便成。

组合

用芋角皮19克，包入15克馅料，捏成榄角形，放入180℃的油，炸至金黄色。芋角皮应该有细丝出现。

TIPS

1. 皮团的油脂比例：猪油和牛油的分量各占一半。
2. 制作熟澄面团：把澄面粉300克和生粉300克拌匀，冲入大滚水（指沸腾且水面浮起较多大泡泡的水）300克拌匀成团便可。
3. 芋角皮团可加入熟咸蛋黄，以增加油脂，令酥丝效果更理想。

芋头

芋头是一种块茎，盛产于亚热带地区，外皮棕褐色，大如橄榄球，小如球状，味道微甜，含丰富淀粉质；烹熟后芋头肉会呈紫色，糯软而带有独特香味，与五香粉十分匹配。值得一提的是，处

理芋头时宜戴上手套，因为削皮后的芋头肉有一层薄而透明的黏液，会令人双手异常瘙痒，出现皮肤过敏症状。

专业指导

造型不是橄榄形，表层虽然有酥脆质感，但做不出细丝的感觉，可能是用菜油而不是猪油的缘故。

表层做出了细丝的质感，但下部不够酥脆，可能与油炸时的火力操控不当有关。

芋角出现回油状况，这与制品温度下降有关。

原来如此

Q 油炸制品应该用什么油？

A 不同品种的食用油，烟点各不相同，应按需要决定用哪种油。橄榄油分为许多品种，初榨的橄榄油品质纯正，含有芳香味道，含不饱和脂肪，适合作沙律（沙拉）油或烹煮西式菜肴，但由于橄榄油烟点低，若经高温烹调（如油炸）会比较容易产生有害物质，故不推荐使用。花生油的烟点很高，味道香醇，但含饱和脂肪，虽然适合用于油炸点心，多吃仍有可能影响健康。芥花籽油或葵花籽油属菜油，烟点不高，不适合做炸油。生产商为了迎合市场，推出混合油来取长补短。建议用烟点比较高且含不饱和脂肪的食用油作炸油。

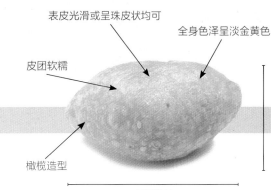

表皮光滑或呈珠皮状均可

全身色泽呈淡金黄色

皮团软糯

橄榄造型

3厘米高

5厘米长

咸水角

材 料

皮团
糯米粉600克
清水514克
澄面粉106克
大滚水106克
砂糖、猪油各115克
碱水1克

馅料
鸡肉粒、冬菇粒各115克
赤肉碎、虾米各150克
叉烧粒、菜脯各115克
韭黄、韭菜、葱花各8克
五香粉2克
叉烧包芡汁75克（参阅"叉烧
包"，第136页）

调味料
生油40克
蒜蓉2克
绍酒8克
盐8克
味粉11克
砂糖19克
蚝油11克
鸡汤150克
生粉15克
麻油2克（后下）
胡椒粉2克（后下）

做 法

皮团

先将糯米粉与清水放入搅拌机内搅滑。用大滚水冲入澄面粉内迅速搅熟，加入已打好的糯米粉浆中，再加入砂糖打至滑身，最后加入其他材料打匀便成。

馅料

先把馅料分别用油拉熟。冬菇粒和叉烧粒用滚水煮3分钟，过冷。热镬下生油，爆香蒜蓉，下其他馅料炒香，潛酒，加入调味料煮稠便成。包馅料时加入后下调味料拌匀便成。

组合

咸水角皮出体，每粒重19克，包入15克馅料，捏成橄榄形，放入120℃的油中浸至浅金黄色，呈珠面状浮起，改用中火上色，盛起沥油。

虾米

虾米是鲜虾的干燥制品，渔民会把鲜虾去头和挑肠，加盐拌匀，逐只放在筲箕上，让日光晒干，虾肉内的水分被蒸发，味道变得集中浓郁，鲜味特别强烈，色泽会因虾壳的虾红素而变色，颜色美丽，肉质干爽，口感好。

原来如此

Q 为什么要同时放入所需分量的制品后再开始油炸？

A 当油加热时，温度未必均匀，应用勺子轻轻拌匀，令油镬温度均匀，再放入所需分量，确保制品能同时受热，待定型后再转动制品。只有这样做，制品方可同时烹熟，不会出现制品生熟程度不一的弊病。如果制品不是同时放入，而是边炸边下，油温会因不断加入物料而下降，温度不足，直接影响到熟度、色泽和效果。

专业指导

咸水角的两端不平均，一端尖而另一端却是钝圆状。制品的色泽，一面呈现标准的金黄色，另一面则只有淡淡的黄色，整体色泽不匀称，出现不同的颜色，这与油温失衡有关。

外皮脆而内皮软，皮略薄了一些，幸好馅料仍湿润，不干硬。

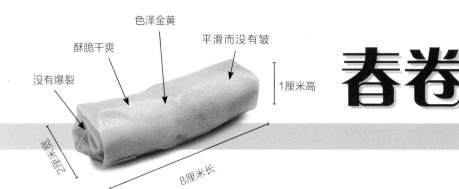

没有爆裂　酥脆干爽　色泽金黄　平滑而没有皱

1厘米高

2厘米厚

8厘米长

春卷

材料

春卷皮30张

馅料
肉丝75克
鸡丝150克
冬菇丝75克
笋丝150克
叉烧丝150克
甘笋丝40克

调味料
生油40克
蒜蓉2克
绍酒8克
盐8克
味粉11克
砂糖19克
蚝油11克
鸡汤150克
生粉15克
麻油2克（后下）
胡椒粉2克（后下）

封口料
蛋白适量

做法

馅料

先把馅料分别用油拉熟。笋丝飞水（焯水），过冷，去酸味。冬菇丝和叉烧丝用滚水煮3分钟，过冷。热镬下生油，爆香蒜蓉，下其他馅料炒香，溅酒，加入调味料煮稠便成。包时加入后下调味料拌匀便成。

组合

用一片春卷皮包入40克馅料，卷成长卷形，长度约8厘米，用少许蛋白收口。放入油温120℃的油中，以中火炸至微黄色，转大火炸至金黄色便可。

TIPS

香港地区称胡萝卜为甘笋，此处甘笋丝即胡萝卜丝。

春卷皮

中式点心常用的面皮，无味，色泽洁白，薄如白纸，平滑，有微细气孔，具韧度，可塑度高。它是用面粉调水，作天然发酵，变成有点流动质感的面团后，用烙的方法，烘出一片片薄薄的面皮。昔日能在市场找到鲜货，糯软有麦香，韧度十足，由于时代变迁，现大多数是冷藏品。

认材为用

原 来 如 此

Q 春卷脆不脆和油温有什么关系？

A 油温过高会令春卷皮内的淀粉迅速糊化、脱水，口感虽脆，但却因馅料的水分来不及排出而使春卷回软。同时，高油温会令春卷焦糊而变黑色。建议用90～130℃的温油浸炸春卷，让馅料的水分逐渐渗出，并定型，然后改用130～170℃的热油蒸发水分，增加表面色泽，达到外脆内软的效果。

专 业 指 导

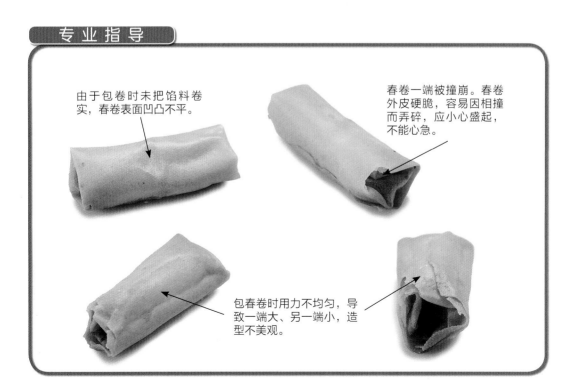

由于包卷时未把馅料卷实，春卷表面凹凸不平。

春卷一端被撞崩。春卷外皮硬脆，容易因相撞而弄碎，应小心盛起，不能心急。

包春卷时用力不均匀，导致一端大、另一端小，造型不美观。

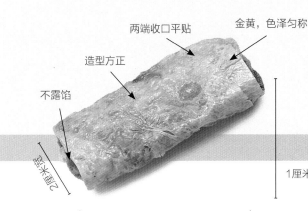

两端收口平贴

造型方正

金黄，色泽匀称

不露馅

2厘米宽

1厘米高

8厘米长

罗汉腐皮卷

材料

腐皮7.5张

馅料
草菇896克
蘑菇448克
马蹄粒600克
湿木耳225克
湿冬菇丝225克
甘笋粒225克
竹笋粒300克

调味料
盐4克
味粉6克
糖9克
老抽4克
蚝油4克
麻油4克
胡椒粉少许

封口料
面粉适量
清水适量

做法

1. 用布抹净腐皮，切成8份三角形的小腐皮。
2. 草菇、蘑菇分别切丝，然后把所有材料加绍酒一同飞水，沥干水分，然后用葱油起镬，下材料炒香，溃绍酒，下调味料，用生粉水勾芡便成。
3. 用1片三角形的腐皮，包入15克馅料，包成长约9厘米、宽约4厘米的扁形卷状，用封口料收口，以油煎至底面呈微金黄色，可改用中火以半煎炸方法炸脆。

TIPS

1. 葱油是点心厨房常备材料。
2. 食谱的材料没有提及葱油、绍酒和生粉的分量，因为它们用作调味料，分量可随意。所以只要放入足够量即可。
3. 罗汉腐皮卷是素食。

腐皮

由黄豆与清水磨汁，做成豆浆，以
大火煮滚，待表面凝结成一层薄膜，
取出风干至半湿状态，味道清淡兼有豆香，色
泽金黄，皮薄而略透明，但贮存期久了，色泽会变深。
腐皮经油炸，变得甘香酥脆，表面出现泡泡状，适合吃素人士享用。

认材为用

原来如此

Q 为什么食用真菌（菇）要飞水？

A 食用真菌一般生长于潮湿的地方，常见于树木或草地，味道鲜甜，却带点霉味，所以厨师们会利用飞水去除那种霉味。不同食用真菌有不同的香味。野生的食用真菌味道会浓郁一点，鲜味足；培养的食用真菌味道清淡，多是在温室中培植，比较干净。如果食用真菌变得湿漉漉，表示已变质。

专业指导

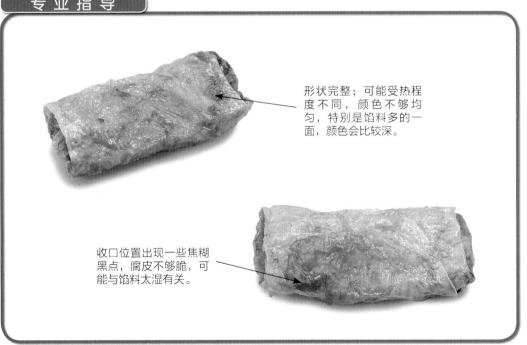

形状完整；可能受热程
度不同，颜色不够均
匀，特别是馅料多的一
面，颜色会比较深。

收口位置出现一些焦糊
黑点，腐皮不够脆，可
能与馅料太湿有关。

爆口自然

质感松化

充分膨胀

糖霜分布均匀

直径7厘米

冰花蛋球

材料

面粉450克
臭粉40克
吉士粉75克
大滚水450克
鸡蛋9个

洒面
糖霜（细砂糖）适量

做法

1. 把面粉、臭粉和吉士粉一同筛匀。
2. 用大滚水冲入粉材料，大力搅至没有粉粒、幼滑而硬身。
3. 将鸡蛋逐只打入搅透，直至完全混合。
4. 用手挤出蛋球，放入冻油，以慢火浸至慢慢浮起，其间不要移动和用力压蛋球。
5. 转中火，待蛋球炸至金黄色，盛起，趁热洒上糖霜。

TIPS

1. 冰花蛋球是很古老的点心，因为没有效益，现在许多地方都不再售卖。
2. 冰花蛋球、东甩、沙翁、高力豆沙等，无论质感和味道都很不同。冰花蛋球以鸡蛋为主，因为附有臭粉，所以松脆且会爆裂，松软质感。东甩因用了面包粉，质感较韧，色泽偏深金黄色。沙翁与冰花蛋球差不多，只是没有爆裂，亦是以鸡蛋为主。高力豆沙是京沪名点，以蛋白为主，质感松软，入口如绵。它们的共通点是以砂糖来提味，质感相似。

鸡蛋

鸡蛋营养丰富，味道香浓，用途广泛。新鲜鸡蛋的外壳有
一层薄霜，色微带粉红，欠光泽。生出来3天之内的蛋，
打开时，全蛋呈现立体感，蛋黄呈圆环状，蛋白分成两
层明显的晶莹液体，大部分呈浓郁的挺身状，其余则是
流泻状。随着日子消逝，到了第12天时，全蛋变得较平坦，蛋白层次
模糊，多为流质。若全蛋变得平坦，蛋白没有层次且化成液体，表示鸡
蛋生出后已有21天之久了。

认材为用

原来如此

Q 蛋球为何能有爆裂效果和体积胀大？

A 在点心或糕饼制作业里，如果想让制品膨胀松脆，无可避免要加入添加剂，比如臭
粉能令制品耐放而不塌陷，制造出酥脆及破裂的质感。至于蛋球能胀大，则来自鸡
蛋的卵黏蛋白和类卵黏蛋白。它们黏度颇高，大力搅透面糊破坏了它们的空间构
型，并渗入了空气，使蛋白质的体积变大，油炸令渗入其中的空气受热膨胀，形成
松软的质感。

专业指导

蛋球没有爆裂，可能因
为火力不当，或是材料
分量不准确。

蛋球膨胀过度，可
能放了太多臭粉或
鸡蛋搅打过度，令
造型不完美。

蛋球温度下降，热
度不足，未能粘上
细砂糖。

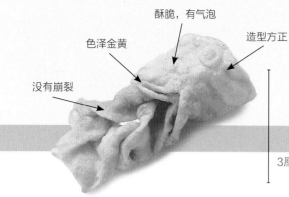

酥脆，有气泡

色泽金黄

造型方正

没有崩裂

蛋散

3厘米高

5厘米长

材料

蛋散面团
高筋面粉380克
鸡蛋7.5个
臭粉4克
梳打粉4克
生油19克

糖胶
砂糖1200克
粟胶（玉米糖浆）1200克
清水1200克

做法

糖胶

把所有材料放入煲中，煮至浓稠和变棕褐色，取出糖液滴于水中，以能凝珠为准。

蛋散面团

高筋面粉堆开穴，下生油、鸡蛋、臭粉和梳打粉搓匀成团，再用保鲜纸包好，恒身1小时。取出面团搓至滑身，再用保鲜纸包好，恒身2小时。碾薄面团，厚约2毫米。

组合

面皮切成每片长10厘米×宽5厘米，然后把两片面皮重叠，中间割一刀，任意把一端面皮穿过刀口位，拉长，放入140～150℃的油中炸脆，待面皮转色时，盛起沥油，蘸上热糖胶，放入已扫油的盘子上即成。

TIPS

1. 想要做出松脆质感的蛋散，必须选用高筋面粉，因为它含丰富的蛋白质，经搓揉和糊化作用，容易构成面筋网络，使制品变得特别松脆。不过由于它的弹性高，回弹力强，所以搓揉和碾压时特别费力，建议利用碾面皮机处理，可省一点力。
2. "恒身"是行内术语，意即搓揉面团后放置一旁，让面团松弛面筋。

砂糖

从甘蔗或甜菜头提炼而成，盛产于热带和亚热带地区。提炼后的蔗糖味道天然，但并不纯正，颜色为深咖啡色或黄色。再进行精炼，去除糖蜜部分，成为没有糖香的白色晶体，味道却与原糖一样，只是以粉颗粒状出现，含99.9%的蔗糖成分。

认材为用

原来如此

Q 为何糖水煮久了会变色？

A 砂糖与清水同煮，加热后温度过了熔点160～168℃，水分被蒸发，变得浓稠，表示糖水出现脱水降解反应，意即降解产生的小分子产物经过聚合和缩合的过程，产生黏稠状的黑褐色物质。焦糖的软硬度可借助糖针来判断，方法是取一杯清水，把糖液滴入杯中，糖液可能不能成珠而仍处于液体状，也可能会迅速凝固成糖珠，按照需要的焦糖软硬度来增减加热时间。

专业指导

割口割得太深，以致面皮没有均匀穿过割口，造型不完美。

蛋散弯曲，可能是面皮放入油镬时没有拉直所致。

糖胶分布不均，未能包裹蛋散。

蛋散炸得通透，表面出现大气泡，可以看出酥脆的质感。

45

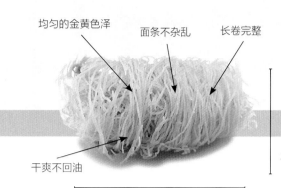

均匀的金黄色泽　　面条不杂乱　　长卷完整

干爽不回油

2厘米高

6厘米长

干丝鹅肝卷

材料

威化纸20片
半湿细面条225克

馅料
熟虾粒300克
法国鹅肝条225克
青瓜（黄瓜）条150克
沙律酱150克

封口料
面粉适量
清水适量

做法

1. 青瓜洗净，切条。
2. 鹅肝切条。熟虾切粒。
3. 用一张威化纸包入青瓜1条、虾粒6粒和鹅肝1条，放入少许沙律酱，卷成长6厘米×宽2厘米的长卷形，用面糊封口便成。
4. 把半湿细面条卷在鹅肝卷上，收口向下。
5. 烧油至八成热，用手轻轻把鹅肝卷逐条放入笊篱，注意收口向下，炸至金黄，取出沥油，再用厨房纸轻轻吸掉过剩油脂便可。

TIPS

1. 威化纸遇水即溶，所以制作过程中应避免沾到水。
2. 可改用春卷皮代替威化纸。
3. 建议用新鲜的油来炸，这样才能使制品呈淡淡的金黄色，否则面条容易变深色。

鹅肝

鹅肝是法国的高级食材。需挑选特别的鹅
种来饲养，目的是取其肥大鹅肝，饲养方法有
点像北京填鸭，每日定时喂食，令其肝脏肥大。
鹅肝色泽淡白，质感幼滑柔软，状如忌廉，入口即
溶，脂肪含量颇高，吃得太多会有肥腻感。

认材为用

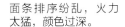

专业指导

面条排序纷乱，火力
太猛，颜色过深。

干丝卷出现露馅，馅料粘
在威化纸上，在油炸时粘
在镬底，故出现焦糊点。

原来如此

Q 炸油为何不能重复使用？

A 食用油经过反复加热和接触空
气，当中的脂溶性维生素遭到破
坏，并因为油脂受高温而产生有
毒物质，那些毒物更会黏附在食
物表层，人们在进食时会一并吃
入肚中，损害健康。此外，炸油
重复使用，混入许多杂质，令油
不纯正且颜色变深，令制品很快
上色，内里却仍未煮熟，所以应
尽量用新鲜油来炸食物。

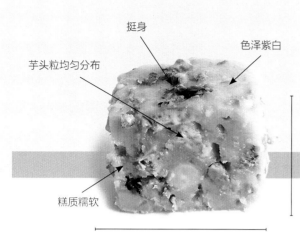

挺身

色泽紫白

芋头粒均匀分布

糕质糯软

芋头糕

5厘米高

5厘米长

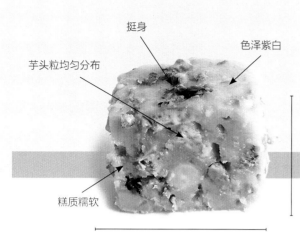

材料

粘米粉450克
粟粉380克
猪油75克
芋头粒1663克
清水3600克

馅料
腊肠粒300克
腊肉粒150克
浸发虾米150克

调味料
鸡粉19克
盐40克
味粉75克
砂糖3115克
胡椒粉4克
麻油40克（后下）

做法

1. 用清水1200克与粉类材料调匀成粉浆，下调味料拌匀。
2. 芋头粒用油炸好，备用。
3. 热镬下猪油，放入腊肠粒、腊肉粒和虾米炒香，下清水2400克一同煮滚，撞入已拌好的粉浆中，搅匀成生熟浆，加入芋头粒，再下麻油拌匀。
4. 倒入已扫油的直径为22厘米的盆中，上笼以大火蒸1.5小时便成。

TIPS

1. 可加入8克五香粉提升芋头糕的香味，味道会更突出。
2. 腊味的油能润滑糕质，增加香味和软滑质感，可是分量太重容易令糕身变得松散，必须按比例搭配，腊味和糕粉以3：7的比例最为合适。

糕类

腊肉

优质腊肉肥瘦均匀，肥肉爽脆，味道鲜香，没有"油益"味（哈喇味），色泽鲜明。它采用良好的五花腩肉，飞水，加入调味料和玫瑰露酒腌制，风干表面后转放太阳下晒干。常与淡味食材搭配，适合蒸、煮和炒。

认材为用

原来如此

Q 为何做芋头糕要用混合粉？

A 传统蒸糕只用粘米粉，因它的质感爽口带米香，糕身不会粘口，然而芋头含丰富淀粉质，故单用粘米粉做糕，制品会比较干硬，不软糯。点心师为了改善糕的质感，采用混合粉来调节糕的软硬度，于是用粟粉取代部分粘米粉，使糕质变得更幼滑糯软，口感更好。

专业指导

芋头粒形状大小不一，没有加入腊味和虾米，欠缺香味，质感略为硬实。

材料分布均匀，糕身坚挺，没有碎裂或大块脱落的状况。

芋头糕刚刚蒸好，没有完全凉透，余温尚在，未能凝固，强行切片，出现碎裂状况。

糕粉和馅料搭配不均，糕身出现松散状况。

糕质糯软细致

馅料分布均匀

糕色洁白

4厘米宽

7厘米长

萝卜糕

材料

粘米粉600克
粟粉380克
马蹄粉75克
猪油75克
面粉40克
萝卜丝4200克
清水3600克

馅料
腊肠粒300克
腊肉粒150克
虾米150克

调味料
鸡粉19克
盐40克
味粉75克
砂糖115克
胡椒粉4克
麻油40克（后下）

做法

1. 用清水1200克与粉类材料调匀成粉浆，下调味料拌匀。
2. 热镬下猪油，放入腊肠粒、腊肉粒和虾米炒香，备用。
3. 清水2400克煮滚，加入萝卜丝再次煮滚，撞入已拌好的粉浆中，搅匀成生熟浆，下麻油拌匀。
4. 倒入已扫油的直径为22厘米的盆中，上笼以大火蒸1.5小时便成。

TIPS

1. 萝卜丝的粗细会直接影响口感。粗萝卜丝口感佳，但会导致糕身碎裂，馅和糕分离，或是糕身不结实；萝卜丝太细，欠缺口感，质感不足。建议萝卜丝粗细各半，质感会比较理想。
2. 手切萝卜丝保有丰富水分，质感重，糕身体积会比较大；机磨萝卜丝，由于在磨的过程中，水分被逼挤出来，只剩萝卜纤维，蒸煮后糕身比较小。若将两者结合，效果更理想。

腊肠

腊肠属风干腌制食物，味道独特，鲜味十足，色泽鲜红，分为绞肉和切肉两种，以肥瘦比例约3：7或2：8最合标准。如果采用真正猪肠衣做腊肠，表面会比较韧，但略飞水再蒸，肠皮会变得爽脆。搅肉肠的质感比较稔软，欠口感；切肉肠则有口感。按区域不同，风味各异。广东腊肠的形状短而肥，湖南腊肠咸中带干，香港腊肠甜味重，鲜味足，肥瘦适中；进口腊肠中，加拿大腊肠偏瘦，泰国腊肠肥瘦各半。

认材为用

原 来 如 此

Q 为何萝卜烹煮前要飞水？

A 萝卜含硫代葡萄糖苷和黑芥子酶，生吃时会尝到冲鼻的辣味，如果不喜欢这种味道，可在烹煮前先飞水或滚煮，去除辣味，使味道变鲜甜，质感也变得稔软。

专 业 指 导

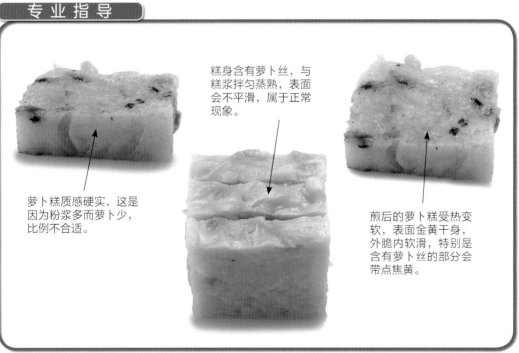

萝卜糕质感硬实，这是因为粉浆多而萝卜少，比例不合适。

糕身含有萝卜丝，与糕浆拌匀蒸熟，表面会不平滑，属于正常现象。

煎后的萝卜糕受热变软，表面金黄干身，外脆内软滑，特别是含有萝卜丝的部分会带点焦黄。

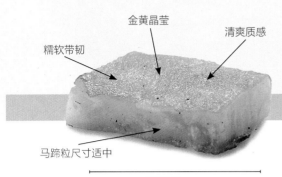

糯软带韧

金黄晶莹

清爽质感

马蹄粒尺寸适中

5厘米高

8厘米长

马蹄糕

材料

马蹄粉680克
砂糖1200克
马蹄片1500克
大滚水2268克
清水1500克
鲜忌廉300克（打起）
食用柠檬黄色素少许（调色，
后下）

做法

1. 用清水与马蹄粉调匀成粉浆，备用。
2. 用大滚水将砂糖煮溶，加入马蹄片拌匀，撞入粉浆内搅拌变成半将熟浆，加入食用色素。
3. 加入已打起的鲜忌廉拌匀，倒入直径为22厘米的糕盆，上笼以大火蒸45分钟便成。

TIPS

1. 马蹄糕蒸熟后，糕身凝固，晶莹剔透。
2. 对乳制品过敏的人士，可去掉鲜忌廉，用清水取代。
3. 单纯用马蹄粉做的糕，蒸熟后会晶莹通透，不过放凉后会变成半透明，这是正常的现象。
4. 过节用的马蹄糕，为了增加色彩，可将砂糖改为潮州红糖，色泽更美丽。

马蹄（荸荠）

马蹄生长于河塘附近，深入泥土，由于塘泥比较黏湿，会粘满整粒马蹄。马蹄形状扁圆，上尖下平，外皮硬而呈深黑色，削皮后肉质洁白，有些呈透明或半透明状，前者水分充足，后者略干，味道清甜，可生吃或熟吃。用作点心馅料，是利用它的清爽口感来增加点心的口感层次。

认材为用

专 业 指 导

马蹄糕出现凹凸不平，切口处碰到马蹄粒。这是由于糕身受热而变软收缩，使马蹄凸出。

煎糕时下了太多油，且热力不足，使表面油淋淋，不够干身。

选用黄砂糖做糕，糕身显得晶莹金黄，马蹄粒粗中带细，能均匀分布于糕身，因为用了半熟粉浆，令马蹄被糕浆承托起来，不会下沉。

原 来 如 此

Q 为什么采用水蒸技法做糕？

A 水蒸技法是运用水蒸气作传热媒介的传统烹调技法。在持续高温和高压的情况下，水蒸气逐步向食材内部渗透，使制品软嫩酥烂。用蒸笼蒸糕时，盖紧蒸笼，使压力增强，水蒸气温度可高达120℃，容易弄熟物料，还能保持形状和原汁原味。由于糕的质感要求糯软而具韧度，味道鲜美，原汁原味，所以借用水蒸法来达到预期效果。

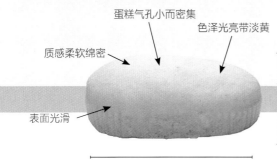

蛋糕气孔小而密集

色泽光亮带淡黄

质感柔软绵密

水蒸蛋糕

表面光滑

5厘米高

9厘米长

材料

鸡蛋300克
砂糖225克
纸包奶75克
面粉225克
牛油75克

做法

1. 牛油盛于器皿内，放入热水中融化，或用微波炉融化。面粉过筛备用。
2. 砂糖和鸡蛋混合搅拌至浓稠及变淡黄色，制成面糊。
3. 加入纸包奶拌匀。
4. 倒入面粉，用手拌匀，不要让面粉沉底或有粉粒藏于蛋糊中，必须确保面粉完全融入蛋糊内，制成面糊。
5. 将融后的牛油倒入面糊中拌匀，制成蛋糕糊。
6. 把蛋糕糊倒进已垫纸的糕盆内，放入蒸笼中，以大火蒸20分钟即可。

TIPS

1. 搅打蛋糊的器皿不能沾有油分，否则鸡蛋和砂糖不易被搅起。
2. 蒸笼下的水必须烧透彻，否则水蒸气不足，蒸蛋糕的热力便会弱，令蛋糕胀发不起。
3. 纸包奶，指盒装奶，是常温奶，采用的是超高温灭菌法，保质期一般在6~12个月。

鸡蛋

市面上的鸡蛋分为白壳和啡壳两种，两者味道相若，但蛋黄色泽和大小却有差异。一般鸡蛋可分为3种等级：AA级鸡蛋含有较高比例的浓蛋白，蛋黄结实而圆润；A级鸡蛋的蛋白略稀，而其蛋黄膜亦较脆弱，打开时它的流散度略广；B级鸡蛋的流散度更大，因它的蛋白已变稀且蛋黄膜很易被破坏。

原来如此

Q 为什么蛋白质加热后会凝固？

A 蛋白质的氨基酸链在未加热前会互相折叠。加热时，分子运动越来越快，碰撞也越来越强，因而破坏彼此的链结。当长链被打开时，因分子运动而再次纠结在一起，形成三角网络，并把蛋白质的水分锁在微小空间内贮起，所以原先的流动液态会因此而变成湿润的固态，不再流动。随着温度升高，锁在三角网络的水分会被蒸发而令制品变干燥。

专 业 指 导

蛋糕的质感绵密细致，少气孔，可能是下了食品添加剂，或是运用了全蛋搅拌法来处理。

蛋糕的空气孔很大，可能是搅拌后没有敲打蛋糕盆以排出蛋糕糊内的空气，故制品成熟后便会出现很大的空气孔，使制品略显粗糙。

蛋糕表面有凹陷，是因为蛋糕刚出篱时，手指不小心压下去所致。

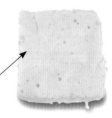

蛋糕表面出现一些小气孔，是因为蛋糕糊里的空气在停止搅动后慢慢浮出表面。

质感绵密，没有气孔

全糕色泽金黄

糕身有垂直纹理

糕身硬挺

5厘米高

8厘米长

黄金糕

材料

A料
粘米粉1200克
生粉263克
澄面粉225克
砂糖1500克
稀面种1500克（参阅"炸
　面"，第28页）
清水2700克

B料
泡打粉19克
碱水1茶匙

做法

1. 把A料混合揉搓至砂糖完全溶化，静置12小时。
2. 加入B料拌匀，揉搓至融合，待30分钟。
3. 把糕浆倒入已扫油的焗盘内，置于已注水的盆子内。
4. 焗炉预热至160℃，放入糕浆烘焗2小时，直至糕身变黄即可。

TIPS

1. 如果糕面已有颜色，可放一张锡纸盖面，遮掩面火，以避免糕面烤焦。
2. 此款糕点需长时间烘焗，炉温应该稍低，这样才能耐火和彻底焗透全糕。

粘米粉

粘米粉的做法是先将粳米洗净，趁其未充分干燥便研磨成粉末。由于粘米粉具有与水汽均匀凝结的特质，故用作原料蒸熟后会出现较滑顺爽口的质感，不粘牙齿。换句话来说，其特质与各类淀粉相似，属黏稠性高的原料，遇水融合，经加热后会凝结，但色泽不是透明或酷白，而是微微带点灰白，入口清爽幼滑。只要与清水的比例适合，可揉搓成团，做成各式各样的点心。有时会与糯米粉或面粉配合使用，取长补短，搭配使用，令制品达到预期效果。

认材为用

原来如此

Q 如何断定稀面种是否成熟？

A 稀面种又称酵种，必须成熟方可调制发酵面团。稀面种加入面粉和清水，质地初时会变粗糙，待放置一段时间，稀面种会逐渐变稀，表面光亮，继而会变得更稀，并出现小气泡而令酵面呈蜂巢状，此时表面光亮顿失。此时用木匙切下稀面种，会发现其毫无弹力，挑起后更会即时断开，这样就是成熟的稀面种。

专业指导

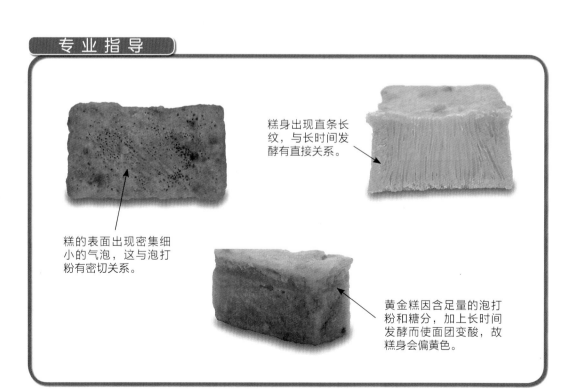

糕身出现直条长纹，与长时间发酵有直接关系。

糕的表面出现密集细小的气泡，这与泡打粉有密切关系。

黄金糕因含足量的泡打粉和糖分，加上长时间发酵而使面团变酸，故糕身会偏黄色。

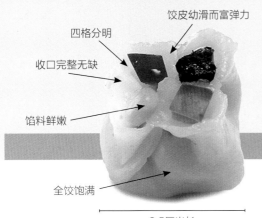

四格分明

收口完整无缺

饺皮幼滑而富弹力

馅料鲜嫩

全饺饱满

3.5厘米高

3.5厘米长

四色饺

饺子类

材料

饺皮团
筋面粉75克
糯米粉75克
面粉450克
清水225克
熟面团150克

馅料
虾饺馅300克（参阅"虾饺"，
　　第60页）
白菜苗40克
冬菇粒40克
湿瑶柱40克
马蹄碎40克

饰面
青甜椒适量
红甜椒适量
冬菇碎适量
粟米（玉米）粒适量

做法

饺皮团

1. 用大滚水撞入澄面粉，大力搅至起筋，形成熟面团。
2. 将生面团的材料拌匀，然后与熟面团混合搓匀。

馅料

先把虾饺馅和马蹄拌匀，再加入其他材料拌匀。

组合

1. 把面团搓长，分成小团，每粒重约8克，碾成直径长5厘米的圆皮，包入约19克馅料，用手执（行内称"执皮"）成四瓣花边纹，再把每瓣的角位收至中央，变成小窝，并将各款装饰放小窝内。
2. 饺子放在蒸笼内，以大火蒸3~4分钟即成。

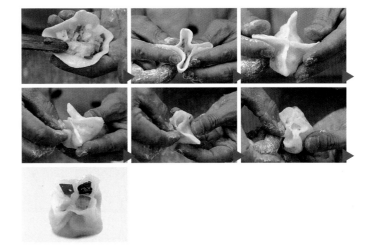

甜椒（灯笼椒）

这种椒是辣椒家族的一种，属于不辣的椒类，清甜鲜脆，色泽艳丽，原产于热带地区，由美洲引入中国。分为红、黄、绿、白、紫、橙、黑等多种颜色，椒肉多汁，肉质厚薄均有，每个长8～12厘米，宽5～10厘米，可以生吃或快炒，外国人会用作沙律食用。

认材为用

Q 如何用手指的推送方法令饺子造型完美？

A 有句点心口诀：稳、巧、转、快。专业点心师懂得利用拇指和食指的灵活推送，把皱褶做好，并会适当旋动饺子，把造型修好。从旁观察，发现许多手法了得的点心师傅，利用手掌的虎口位置锁紧制品，一边轻巧地旋转制品，另一边快速地用食指和拇指推送制品，互相配合便能做出完美效果。注意过程中不能延误，否则褶纹就会粘贴一起。

专 业 指 导

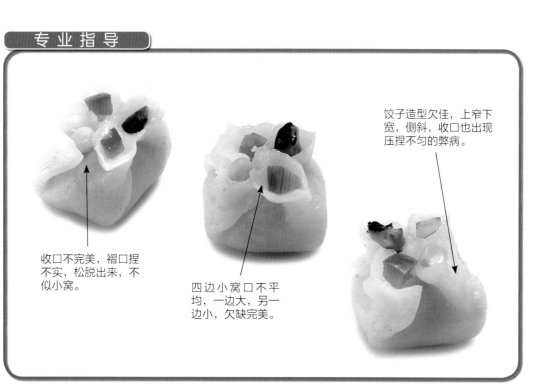

收口不完美，褶口捏不实，松脱出来，不似小窝。

四边小窝口不平均，一边大，另一边小，欠缺完美。

饺子造型欠佳，上窄下宽，侧斜，收口也出现压捏不匀的弊病。

59

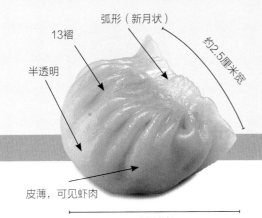

13褶

弧形（新月状）

半透明

约2.5厘米宽

3厘米高

皮薄，可见虾肉

4厘米长

虾饺

材料

虾饺皮

熟皮
澄面粉300克
生粉300克
大滚水300克

生皮
澄面粉300克
生粉300克
清水225克

油皮
澄面粉40克
生粉40克
生油19克

虾饺馅
虾1200克
炒熟冬笋粒225克
熟肥肉粒75克

虾饺馅腌料
盐19克
鸡粉4克
砂糖47克
生粉28克
生油95克（后下）
麻油19克（后下）

做法

虾饺皮

先将熟皮料的澄面粉及生粉用手拌匀，冲入大滚水撞熟，用机器打至起筋，再加入已调匀的生皮料打匀，最后加入油皮料打匀成团，分成重8～15克的小粉团，用拍皮刀拍成直径3英寸（约7.6厘米）的圆皮。

虾饺馅

将虾肉、盐及生粉置搅拌机内以慢速搅打7～8分钟，待虾肉呈胶状，停机，加入熟冬笋粒及熟肥肉粒，用慢速搅打均匀，再放入其他调味料拌匀，最后加入生油及麻油拌匀便成。

组合

虾饺皮包入19～45克馅料，用手执折成有13条纹的弯梳形饺子，放入蒸笼蒸约3.5分钟，约九成熟，不揭盖，上桌享用时才打开盖，享用效果最佳。

TIPS

1. 这方法做出的虾饺，皮爽滑而有弹性，包裹后放入低温冰箱内冷冻贮藏，仍能保持柔软，适合商业运作。
2. 一笼虾饺重106克是现时香港茶楼标准，不同地方有不同的重量标准。

虾

鲜虾的品种有过千之数，只要海水
或河水清澈干净，均能发现它们的踪迹。
它们多数根据出产地、生长环境或大小命名。
虾的尺寸小于5厘米就叫作虾，大于5厘米则称为大虾。河虾因为身体
常受河水冲击，肉质爽，味道淡，鲜味不足。海虾因存活于含盐的海水
中，肉质带咸味兼鲜甜嫩滑，虾壳比较硬，味道带有海水咸香，有的会
大如男人手掌，十分惊人。虾可说是百搭材料，无论任何烹调方法都适
合，老幼咸宜。

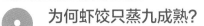

认材为用

原来如此

Q 为何虾饺只蒸九成熟？

A 虾饺馅料以鲜虾为主料，容易蒸熟，当虾蒸到全熟时会释放水分，贮于饺皮内，所
以九成熟的饺子能保持馅料鲜嫩有汁，不感粗糙。事实上，原笼连盖上桌的时间
中，笼内余温和馅中烫水会继续把饺馅弄熟。倘若饺子蒸至熟透，馅料会过熟，口感
变粗硬，不够鲜嫩。

专业指导

饺冠不完美，侧
于一边，收褶偏
于一旁。

虾饺皮软硬度
适中，透明而
具弹性，饺冠
完美，全饺能
平稳立着。

饺冠现折痕，不
平滑，有点皱缩
在一起，饺皮开
始收水。

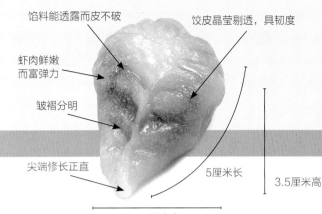

馅料能透露而皮不破

饺皮晶莹剔透，具韧度

虾肉鲜嫩
而富弹力

皱褶分明

尖端修长正直

5厘米长

3.5厘米高

3.5厘米宽

豆苗饺

材料

饺皮
生粉225克
澄面粉75克
清水225克
大滚水600克
生油19克

馅料
虾饺馅225克
豆苗380克

调味料
生油75克
白芡75克
盐8克
砂糖28克
味粉11克
鸡粉4克
麻油4克

做法

饺皮

将生粉与澄面粉混合，与清水拌匀，慢慢撞入大滚水，变成半熟状，取出，加入生油搓至滑身，用生粉爽手。

馅料

将豆苗洗净，焯至软身，挤干水分，与馅料和调味料一同拌匀。

组合

把饺皮搓长，出体，每粒重11克，开成直径为5厘米的圆饺皮，挑入19克馅料，用手执成稻穗形，放入蒸笼用大火蒸3分钟即成。

TIPS

1. 点心师傅的饺子形状各师各法，没有特定规范，图片只作参考。
2. 白芡的常用馅料芡汁，主要由粟粉、清水和滚水组合而成。先把粟粉和清水调匀，再撞入滚水，令粉浆变熟而成糊状。三者的比例是粟粉：清水：滚水=1：1：2。

豆苗

豌豆的叶，称为豆苗，为时令蔬菜，一般在农历十月至次年正月期间才能找到。叶苗顶端的子叶，称豆胚，是整棵豆苗最幼嫩的部分，滑嫩无渣，属绿叶蔬菜，菜味浓郁，个子娇小，每棵豆苗只有两片，十分珍贵。值得一提的是，这种菜是不会浸湿去卖的，因为浸水后的豆苗容易变坏，所以食时才浸洗。豆胚以下连梗的豆叶，味道也很好，只是遇到上市季尾，偶会有渣，不够嫩滑。

认材为用

专业指导

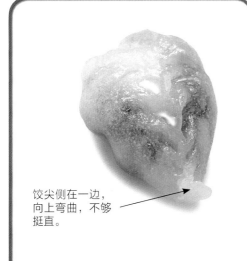

饺尖侧在一边，向上弯曲，不够挺直。

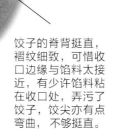

饺子的脊背挺直，褶纹细致，可惜收口边缘与馅料太接近，有少许馅料粘在收口处，弄污了饺子，饺尖亦有点弯曲，不够挺直。

原来如此

Q 为何饺子皮要用两种水温做面团？

A 饺子皮的特质是有筋力，韧性足，色泽发暗，具有柔、糯和略带甜味的特点，制品成熟后会呈半透明状，口感细腻。为了达到以上要求，点心师会先把粉料用冷水调匀，防止粉料沉淀，然后把大滚水撞入冷水粉料混合物，这样除了可以立即降低大滚水的温度，保留至少70℃的水温，不会把面筋弄断，还可以保留面团的糯软特质。两种水温的面团揉在一起使用，便可达到柔中带韧，富有可塑性，方便造型，令饺子熟后不会变形。

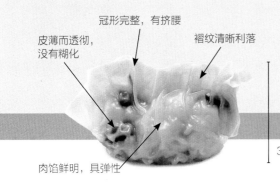

皮薄而透彻，
没有糊化

冠形完整，有挤腰

褶纹清晰利落

肉馅鲜明，具弹性

3厘米高

5厘米长

鱼翅饺

材料

大白皮60片
素翅150克
上汤225克

馅料
剪尾虾肉600克
肥肉粒181克
瘦肉粒363克
湿冬菇粒20克
湿木耳20克

调味料
盐15克
味粉26克
砂糖38克
猪大油30克
麻油30克
胡椒粉1.5克
生粉23克
大地鱼粉末8克
冰粒38克
泡打粉8克

做法

馅料

1. 将瘦肉粒和肥肉粒、盐和生粉同放入搅拌机内，以慢速搅至起大胶（黏度很浓兼粘手），再放入冰粒打至完全融入猪肉内，再加入虾肉及冬菇粒打至起胶，然后加入其他材料打匀便成，转于冰箱中冷冻挺身。
2. 素翅与上汤同煮2～3分钟，预留38克作装饰，其余与馅料拌匀。

组合

用一片大白皮，包入23克馅料，推捏成冠饺形，面放素翅，放入蒸笼以大火蒸5～6分钟即成。

TIPS

有些点心师会喜欢把素翅放于面上装饰，有些则不放，两者皆可。

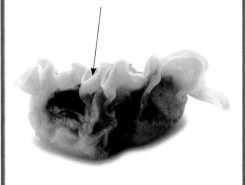

素翅

素翅来自日本，属人工凝胶制品，主要成分是蒟蒻，色泽鲜明，晶莹剔透，富弹性，两端尖而韧，翅针肥大，与真鱼翅外形虽同，不宜煮得过火，否则会变得十分韧，质感不佳，如嚼塑胶。素食人士会采用它代替真正鱼翅，适合煲、焯煮、快炒或作馅料，用途多元化，属近年新兴食材。

专业指导

饺冠不完整，这可能与收口捏压不牢固有关系，所以当上笼蒸时，饺皮会自动弹开。

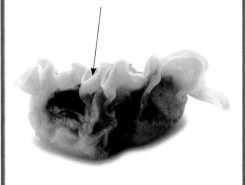

饺皮已出现干硬，缺乏湿度，收折时便压不实，或是饺子蒸的时间不足，饺皮湿度不够，出现饺皮僵硬而没转透明。

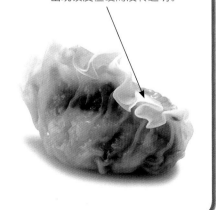

原来如此

Q 为何大白皮不用时要用纸盖好？

A 现售饺皮方便好用，但是贮藏不当，饺皮四周会出现干裂或僵硬的弊病。为避免出现这些状况，购买回来的饺皮，应该把整块用保鲜纸或厨房纸封好，保持饺皮湿润，不会被抽走水分，否则饺皮会因流失水分，变得干硬，不能封口或收边时容易破裂。如果用水喷湿大白皮，水分过多会令饺皮出现糊化，不可以再用，所以买回来的饺皮最好赶快用完。一般保存期为2~3天。

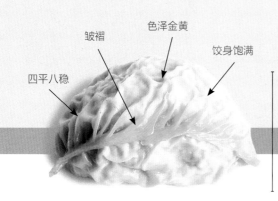

四平八稳
皱褶
色泽金黄
饺身饱满

5厘米高

8厘米长

灌汤饺

材料

汤饺皮
筋面粉300克
鸡蛋5个
食用柠檬黄色素少许

馅料
鱼翅饺馅300克（参阅"鱼翅饺"，第64页）
虾饺馅600克（参阅"虾饺"，第60页）
大菜汤粒1500克

大菜汤粒
大菜丝38克
上汤3000克
金华火腿骨113克

汤粒调味料
盐11克
味粉26克
砂糖34克

做法

面团

把筋面粉和鸡蛋搓匀，静置一旁恒身4小时后，擦至滑身，再恒身2小时，便可出体。

大菜汤粒

大菜丝浸软至胀大，放入上汤中用中火煮溶，加入火腿骨及调味料煮至剩余1500克汤汁，晾凉后放入冰箱中冻至凝固，取出切粗粒。

馅料

全部拌匀，加入汤粒搅匀，置冰箱中冷冻。

组合

汤饺面团搓长，出体，每粒重8克，开成直径10厘米的圆皮，包入75克馅料，做成弯梳形的饺子，放入锅中，以大火蒸15~20分钟即成。

TIPS

1. 为避免做皮的麻烦，可在市面购买现售货色。
2. 大菜丝是指琼脂，是植物胶的一种，常用海产的麒麟菜、石花菜、江蓠等制成，为无色、无固定形状的固体，溶于热水。

猪皮

猪皮属猪的外表皮，含有天然骨胶原，只要把皮下脂肪去除，就不会很肥腻，然后经长时间熬煮就能把胶质逼出，使汁液黏稠，拥有独特香味。猪皮表面会有许多无色或淡白的猪毛，需要用眉钳才能拔去，有时肉档会用火枪烧猪皮表面，但未能彻底清除猪毛。有些点心师建议，把猪皮烙入已烧热的镬内除毛，不妨一试。它能使焖煮菜肴带有自身的芡汁，处于高热时会以液体状态呈现，当温度下降时，汁液会慢慢凝结，仿如一层啫喱，只要加热又回到液体，点心师巧用这种特质来增加肉馅的汁液。

原来如此

Q 肉馅内丰富的汤汁如何制得？

A 品尝汤饺，必定留意它的丰富汤汁，原来肉馅虽然蒸熟后会释出水分，但是汤汁不算很足够，需要添加一些汤粒来增强效果。点心师利用大菜丝把上汤凝固，然后与肉馅一同弄碎，散布在馅料中，待加热后汤粒从固体转化为液体，因为细致幼滑的饺皮锁住肉汁，只要没有弄破饺皮，肉汁便被困住，不会外流，吃时一口咬下，会顿觉肉汁丰盈。

专业指导

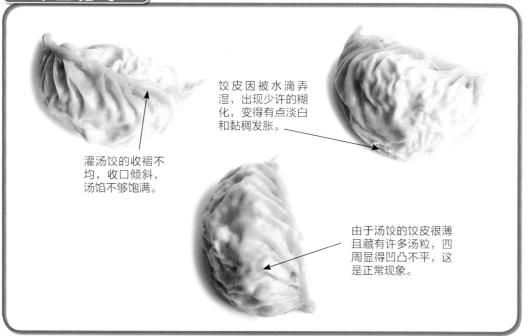

灌汤饺的收褶不均，收口倾斜，汤馅不够饱满。

饺皮因被水滴弄湿，出现少许的糊化，变得有点淡白和黏稠发胀。

由于汤饺的饺皮很薄且藏有许多汤粒，四周显得凹凸不平，这是正常现象。

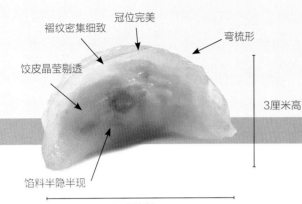

褶纹密集细致　冠位完美

饺皮晶莹剔透　　　弯梳形

3厘米高

馅料半隐半现

4.5厘米长

赛螃饺

材料

饺皮团

熟面团
澄面粉300克
大滚水450克

生面团
糯米粉190克
猪油40克
砂糖19克
清水190克

馅料
蛋白300克
蟹柳粒75克
虾肉75克
芥蓝梗粒75克

调味料
盐8克
鸡粉8克
砂糖19克
胡椒粉1.5克
麻油8克

做法

饺皮团

1. 用大滚水撞入澄面粉，大力搅至起筋，最后变成熟面团。
2. 将生面团材料拌匀，然后与熟面团混合搓匀。

馅料

将虾肉拍烂并大力搅至有弹性，加入调味料拌匀，再放入其他材料拌匀，置冰箱中冷冻30分钟。

组合

把饺皮搓长，出体，每粒重11克，开成直径5厘米的圆饺皮，挑入19克馅料，用手执成弯梳形，放入蒸笼用大火蒸5分钟即成。

TIPS

蛋白要炒至八成熟，必须达到一瓣瓣的效果，并仍有少许蛋白汁流动，这样，待蒸熟后，蛋白才能保持鲜嫩。

蛋白

蛋白是鸡蛋内的液体部分，87%是水分，12.5%是真正蛋白，含丰富蛋白质，黏度强，无色无味，呈半凝固状，属于透明状的浓稠物质，占全蛋的2/3重量。白壳鸡蛋的蛋黄比较小，所以蛋白成分很多；红壳鸡蛋的蛋黄比较大，蛋白分量相对少一点；至于土鸡蛋，蛋黄很大，所以蛋白分量便很少。点心师会利用它的特质作封口料或做糕点的膨胀剂，因为当蛋白打起时，混合了空气而令体积增加，于是糕点会胀大而变得松软。

认材为用

原来如此

Q 为何蛋白馅料不能煮全熟？

A 赛螃饺的蛋白不能煮全熟，所以煮蛋白时要炒至九成熟，质感仍有流动才是理想熟度。如果蛋白煮得过熟，容易起蛋皮，不能与蟹肉变成一瓣瓣，加上当包成饺子时，会增加一些烹煮时间，蛋白立即变得起蜂巢状，不够细致和嫩滑，最后如嚼皱皮，口感不佳。

专业指导

饺子的弯梳形不完整，欠缺形态，弯位不够完美。

饺皮的边沿顶部下陷，所幸饺皮晶莹剔透，韧度十足，没有糊化状况。

饺子弯梳形完美，点心师的手指推送得宜。

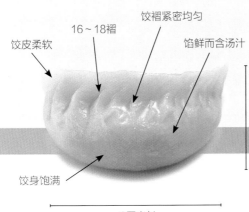

饺皮柔软

16～18褶

饺褶紧密均匀

馅鲜而含汤汁

4厘米宽

饺身饱满

6厘米长

窝贴（锅贴）

材料

饺皮面团

水面皮
面粉300克
筋面粉300克
清水265克
生油75克

熟面皮
面粉300克
大滚水190克

馅料（京式常用肉馅）
肥肉600克
梅肉600克
汤粒600克（参阅"灌汤饺"，
    第66页）
姜和葱共60克

调味料
碱水0.4克
盐15克
味粉38克
砂糖30克
生抽6克
麻油30克

做法

饺皮面团

熟面团先用大滚水烫熟面粉。生面团所有材料搓揉成团，再与熟面团混合搓匀，搓至起筋。

馅料

先将梅肉、姜、葱和肥肉分别用搅拌机的中孔搅成蓉，然后把梅肉加盐和生抽，以快速打滑至起筋，至少搅打15分钟，以能挤成肉丸状为准，然后再下碱水搅打5分钟，待肉质与碱水完全融合，手感滑溜，再下肥肉、姜、葱和汤粒搅打5分钟，最后下味粉、砂糖和麻油打匀便成。

组合

饺皮面团搓长，出体，每粒重约11克，包入馅料19克，执成弯梳形，放上已热油的平底煎锅，一只跟贴一只，煎1～2分钟，然后加入清水，盖上镶盖，生煎至水收干，底部呈金黄色即可。

TIPS

可以先把窝贴蒸熟，待凉再煎。

面粉

好的面粉是用优质小麦研磨而成，越接近麦心，面粉品质越好，杂质也越少，所以质感细腻，而春季和冬季撒种的小麦研磨出的面粉，筋度亦会有明显差异。由于产地不同，品质会有参差。美国面粉多会经过漂白过程，粉质洁白，质感略粗。日本面粉会混合多种面粉，湿气虽重，品质极优，质感柔软，颜色略黄。加拿大面粉品质极优，颜色奶白，杂质少。中国面粉品质参差不齐，品质并不稳定，使用时宜先测试，以确定搭配的分量。

认材为用

专业指导

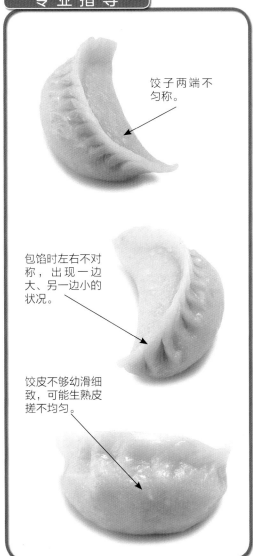

饺子两端不匀称。

包馅时左右不对称，出现一边大、另一边小的状况。

饺皮不够幼滑细致，可能生熟皮搓不均匀。

原来如此

Q 为何猪肉冷冻会变色？

A 动物肌肉的红色源于肌红蛋白（占70%~80%）和微血管里的血红蛋白（占20%~30%）。禽畜被屠宰放血后，肌肉中90%以上是肌红蛋白，肌肉微血管亦有少量血液存在，这些物质的变化影响到肌肉颜色的改变。基本上，肉类中的氧合肌红蛋白受到鲜肉组织里的酶影响，会产生氧化作用，要是贮藏过程受到细菌污染，细菌又同时抢氧气而生存，肌肉组织含氧量减少，鲜红色的氧合肌红蛋白就会转变成紫红色肌红蛋白，肉因而变为紫红色。当氧气继续下降时，血红素的亚铁会被氧化成铁，变成褐色的高铁肌红蛋白，肉的颜色就变得更深了。

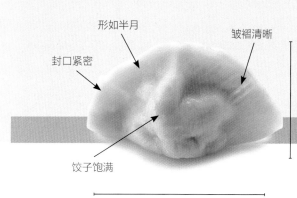

形如半月

封口紧密

皱褶清晰

4厘米宽

饺子饱满

5厘米长

京式饺子

材料

皮面团
筋面粉600克
盐4克
冷清水272克

馅料
京式常用肉馅1200克（参阅"窝
　贴"，第70页）
津菜丝1200克
唐芹粒60克

调味料
盐15克
味粉23克
砂糖15克
胡椒粉4克
油60克

做法

皮面团

将所有材料用搅拌机打至光滑，再用压面机压8～10次，贮存在
冰箱。使用前，再用压面机压至顺滑，便可出体。

馅料

将所有材料用手搓匀便成。

组合

1. 把面团搓长，出体，每粒重8克，碾成直径6厘米的圆皮，包
入馅料23克，执成饺形。
2. 烧一大锅大滚水，放入饺子，揭盖煮至饺子浮面，倒入一杯
冷水，待再滚时，即可盛起。

TIPS

1. 所有水饺皮可随意加入其他材料做任何饺子。
2. 京式常用肉馅可以随意搭配其他材料成为馅料，用以制作点心。

蒜头

中国人喜用蒜头入馔，北方人爱生吃或是作调味的混酱；南方人，特别是广东人爱把它剁碎，作小炒料头，十分美味。近年，打边炉（吃火锅）风气甚盛，把蒜蓉炸香，拌入高级酱油，风味甚佳，香港特色名菜"避风塘炒蟹"里的风味料，金蒜蓉便担任要角。市面常见独粒蒜头和球形丛生多瓣的蒜头。独粒蒜头，外衣灰黑，味道清淡，汁液颇多，能耐贮藏；球形丛生多瓣的蒜头，外衣洁白，一球多瓣，汁液少，香味集中和浓郁，肉质有点干身，味辛辣，当用油爆香时，香气四溢。泰国的蒜头，蒜瓣十分娇小，泰国人爱生吃，特别是泰式沙律和汤面，蒜头都是必备的伴食料。

专业指导

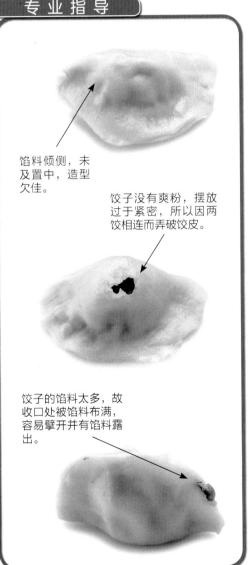

馅料倾侧，未及置中，造型欠佳。

饺子没有爽粉，摆放过于紧密，所以因两饺相连而弄破饺皮。

饺子的馅料太多，故收口处被馅料布满，容易擘开并有馅料露出。

原来如此

Q 为何煮饺子时要下盐？

A 烧沸水，下点盐煮至溶解，放入饺子，能令饺子盛起放凉时亦不会粘在一起，口感较佳而有嚼劲，因为盐可使淀粉糊化的热黏度降低，促使面筋形成。此外，焯煮饺子时，盖上锅盖会令镬中热气过猛，热力太强，所以全程必须揭盖，待水大滚后，再倒入一碗水降温，水再次翻滚后便可享用爽滑的饺子，它的馅料达到刚熟的效果。

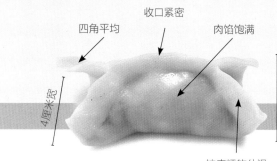

四角平均　收口紧密　肉馅饱满

4厘米宽

3厘米高

饺皮糯软幼滑

6厘米长

羊肉饺子

材料

皮面团
中筋面粉600克
盐4克
冷清水272克

馅料
羊肉1200克
大菜汤粒1200克（参阅"灌汤饺"，第66页）
姜和葱共120克
碱水8克

调味料
盐30克
味粉75克
砂糖60克
生抽11克
麻油60克

做法

皮面团

将所有材料放入搅拌机打至光滑，再用压面机碾压面团8～10次，贮存在冰箱。使用前再用压面机碾压至顺滑。

馅料

把羊肉、姜、葱分别用中孔搅成粗蓉，下盐和生抽快速搅打滑身至起筋，至少要搅打15分钟，以可成肉丸状为准，然后再加入碱水搅打5分钟，待肉质与碱水完全融合，手感滑手，再下其余材料打匀便成。

组合

面团搓长，出体，每粒重8克，碾成直径约6厘米的圆皮，包入馅料23克，捏成长形饺子，放入蒸笼以大火蒸6～8分钟即成。

羊肉

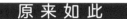

羊肉属于肥美的肉类，脂肪含量与饲养方法有密
切关系；时至今日，人们要求肉类不能含太多脂肪，
农夫于是从善如流，调整饲养方法来调节肥瘦比例，仍能保持优质肉
味。通常羊的肉质会随着羊的生长而变化。饮用牛奶的羔羊，肉色淡
白，味道鲜嫩，与小牛肉相若。小于一岁的羊的肉，色泽呈淡粉红色。
一岁大的绵羊，肉色深而带有浓郁的味道。最美味的羊肉为5～7个月
大的羊的肉，外国人称为春天羊或夏日羊。选羊肉时，以触手结实，质
感柔软如丝绒，色泽粉红，脂肪如忌廉色泽、结实和光滑为佳品。避免
选择色深、有纹理和带黄色脂肪的羊肉，因为这显示肉质开始干燥。

认材为用

专业指导

饺子造型不完
整，四角斜侧而
不平均。

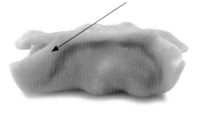

饺子的边沿倾斜
一侧，四角拉扯
不匀称，饺皮有
点风干。

饺子两边不对
称，一边太垂
直，另一边却弯
度过大。

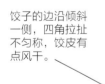

原来如此

Q 为什么要用冷水搓揉面团？

A 小麦粉的特质，筋力较强，富有弹
性，与水调和后会产生湿面筋（即
网络结构），具特殊的黏性、可塑
性和弹性，所以北方人喜欢利用面
粉做点心。一般饺子皮会用冷水调
面团，做出的面团，质地细密，筋
力十足，拉力很大，富有韧性，可
塑性甚高。制成熟品后，色泽洁
白，幼细爽滑兼有嚼口。

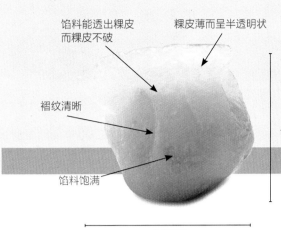

馅料能透出粿皮
而粿皮不破

粿皮薄而呈半透明状

褶纹清晰

4厘米宽

馅料饱满

4厘米长

韭菜粿

材料

水晶皮团
生粉450克
澄面粉150克
清水450克
大滚水1200克
猪油38克

馅料
韭菜粒600克
虾米75克
冬菇碎75克
赤肉粒75克
猪大油38克

调味料
砂糖8克
盐11克
味粉19克
麻油4克
胡椒粉少许
白芡汁少许

做法

水晶皮团

将生粉和澄面粉用清水拌匀，再用大滚水慢慢撞入粉料水，变成半熟状，取出后加入猪油搓至滑身，开皮时需要用生粉爽手。

馅料

用猪大油起镬，爆香虾米、赤肉和冬菇，加入调味料炒透，倒入芡汁煮至浓稠，盛起晾凉，拌入韭菜粒。

组合

把水晶皮团搓长，出体，每粒重约19克，各包入15克馅料，包折成型，放在蒸笼，以大火蒸3～5分钟。取出按扁，晾凉，以半煎炸形式煎香即可。

TIPS

韭菜粿属于潮式点心，有些酒楼会把韭菜粿包成钱包状，有些点心师会把它包成圆球状后压扁，蒸熟后会用油煎，两种做法均可以。

韭菜

韭菜的原产地是中国，它耐暑耐寒，从北面寒冷的库页岛，到南面热带的越南，均能见到它的生长，所以东南亚许多食馔均用它作材料。它是百合科葱属多年生草本宿根植物，纤维质含量很高，叶扁平，簇生，叶底端合抱成束状，生长力很强，收割后仍能继续生长。菜味很浓，含辛辣味道，生吃、熟食均可。广东人说"生葱熟蒜半生韭"，意谓韭菜不宜煮得太熟，否则色泽变黄，入口有黏液感，顿失口感和真正味道。

专业指导

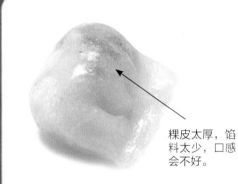

粿皮太厚，馅料太少，口感会不好。

褶纹不清，因为收褶时过于粗糙，导到纹理过粗，蒸熟后褶纹会因糊化而模糊。

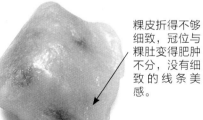

粿皮折得不够细致，冠位与粿肚变得肥肿不分，没有细致的线条美感。

原来如此

Q 为何刚蒸好的饺子不宜立即煎炸？

A 当饺子刚从蒸笼取出时，饺子内里仍保持烫热，饺皮仍在进行糊化，未完全成熟定型。此外，饺皮因含大量水分，水分未被挥发，表面仍然会有黏稠感觉，容易粘镬，强行煎炸可能会粘镬底或弄破表皮，或因馅料未收水分，受到外围高温而令水点膨胀，弄破饺皮，馅料飞溅，造成油溅在皮肤的危险。

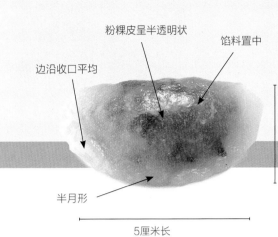

边沿收口平均

粉粿皮呈半透明状

馅料置中

3厘米高

半月形

5厘米长

粉粿

材料

饺皮团

熟面团
澄面粉300克
大滚水450克

生面团
糯米粉190克
猪油40克
砂糖19克
清水190克

馅料
虾饺馅300克（参阅"虾饺"，
　　第60页）
笋粒150克
马蹄粒150克
甘笋粒75克
冬菇碎75克

调味料
麻油4克
鸡粉4克
盐4克
砂糖4克

做法

饺皮团

1. 用大滚水撞入澄面粉，大力搅至起筋，最后变成熟面团。
2. 将生面团材料拌匀，然后与熟面团混合搓匀。

馅料

将所有材料拌匀，加入调味料大力搅匀，置冰箱中冷冻12小时。

组合

1. 把饺皮团搓长，出体，每粒重19克，用酥棍碾成直径5厘米的圆面皮，包入15克馅料，对折，按压成半月形饺。
2. 放蒸笼内，以大火蒸3~5分钟即成。

TIPS

旧式粉粿对折后把收口按实便作罢。新式粉粿会采用锁边的做法。

竹笋

竹笋从竹子的地下茎生长出来，冬天时，竹
的地下茎的芽贮有许多养分，待天气回暖，
嫩芽吸收水分，生长非常迅速，只消一日
光景，竹笋便能长约60厘米高，但这时它的纤维已经木质化，变成竹
子，不能食用。合时的竹笋，鲜美幼嫩，白肉无渣，含有丰富的纤维，
尤以冬笋最为珍贵。北方人爱吃笋，喜爱它的鲜嫩爽脆，味道清淡，属
百搭材料，主副皆宜。拣选时，先观看笋笑颜色，以浅而柔软、笋脚不
高和纤维柔软者为佳品，不要选用老硬有渣、笋肉很小的竹笋。

专业指导

馅料包得不正中，菜粒接近边沿，
有机会影响到封口，不能收紧。

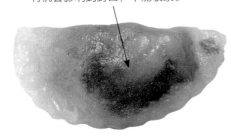

馅料与饺皮比例不合，馅料过多，并
接近边沿，有机会导致爆口。

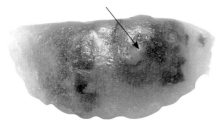

收口处出现露馅状况，饺皮看似有
点黏贴，末端锁边收口不能成角。

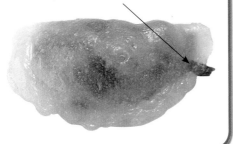

原来如此

Q 饺皮面团为什么会变得浮肿？

A 大部分的淀粉在冷却时会失去流动性，形成凝胶，这称为凝胶作用。并非所有淀粉都能形成凝胶，只有适合的淀粉才会出现这种情况。首先要有足量的游离直链淀粉，才可以互相形成氢键，并使支链淀粉的支链形成分子间的氢键，形成一个三维空间的立体结构，将水分包在当中。如果链淀粉分子过度水解，无法形成网状结构，这种糊化液体便会停留在溶胶的形态，饺皮便会浮肿粘身，没有弹性。

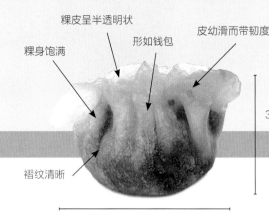

粿皮呈半透明状

形如钱包

粿身饱满

皮幼滑而带韧度

3.5厘米高

褶纹清晰

5厘米长

潮州粉粿

材料

水晶皮团
生粉450克
清水450克
澄面粉150克
大滚水1200克
猪油150克

馅料
沙葛粗粒600克
猪腩肉粒181克
菜脯粒120克
湿虾米60克
冬菇粒60克
炸花生粒60克
香芹粒60克
猪大油90克
蒜蓉19克
干葱蓉40克

调味料
砂糖19克
盐8克
味粉15克
麻油4克
胡椒粉少许

芡汁
生粉、清水各26克

做法

水晶皮团

将生粉和澄面粉用清水拌匀,再用大滚水慢慢撞入粉料水,变成半熟状,取出后加入猪油搓至滑身,开皮时需要用生粉爽手。

馅料

1. 把沙葛、菜脯、虾米、猪腩肉粒和冬菇粒分别飞水,备用。
2. 将蒜蓉和干葱蓉用猪大油爆香,取起留用,再下生油300克拌匀,并将其他材料炒香,下绍酒炒匀,再加入沙葛和调味料炒透,加入适量白芡煮至浓稠。
3. 加入已炒香葱及干葱粒,包时加香芹及花生粒便成。

组合

把水晶皮团搓长,出体,每粒重约19克,包入15克馅料,包折成形,放在蒸笼里,以大火蒸3~5分钟。

TIPS

昔日,点心师为了防止水晶皮过于黏贴,会在蒸好后涂点熟油,避免粉粿粘在一起,不过现在饮食潮流把健康放在第一位,已经不会再涂油了。

沙葛

原产于中美洲，属耐热性蔬菜。由菲律宾人带入东南亚，其后传入中国一带，全年均有种植，是一种高产作物。它顶部细小，底部阔大，呈扁锥体，重500～1000克，最大者可达2000～3000克。沙葛剥掉外皮后，肉质雪白光滑，清甜无比，爽脆而带点纤维渣，味道有点像马蹄（荸荠），但汁液比较混浊一点，生吃、熟炒或醃酸均可，不减其爽脆口感。

专业指导

馅料的刀工有点粗糙，所以会使粉粿皮未能平滑，有凹凸不平的状况。

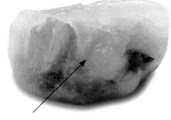

整体形状如钱包，但是冠位和饺肚的比例不均，变成直线，欠缺美感。

粉粿皮与馅料不均，皮厚而馅少，做不出透明感觉，粿形有点肥肿。

原来如此

Q 为何水晶皮会软绵绵的？

A 水晶皮团以生粉为主，生粉的特质是有韧度，制熟后晶莹剔透，但如只用生粉，张力虽足，却欠缺硬度，定型和造型皆不容易，所以水晶皮团会加入澄面粉以增强粉团的硬度，方便造型。由于生粉撞入大滚水而变成烫粉浆，水温和用量都会改变它的凝胶作用，水太多或太烫都会令粉团变得黏贴，没有韧度，只有糯软质感，欠缺硬度，不易造型，所以利用生熟粉团来调控粉团的质感，达到制品的软硬度要求。

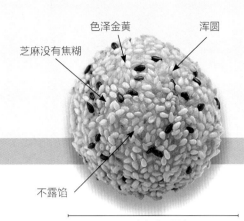

色泽金黄

浑圆

芝麻没有焦糊

不露馅

直径约3厘米

擂沙煎堆

冻糕、软皮点心类

材料

皮面团
面粉600克
砂糖115克
猪油150克
梳打粉4克
清水300克
咸水角皮团150克（参阅
　"咸水角"，第36页）

馅料
黑芝麻90克
白芝麻30克
砂糖120克
猪油120克
生猪大油60克
糖桂花136克

饰面
黑芝麻适量
白芝麻适量

做法

皮面团

将所有材料放入搅拌机内用慢速打至细滑便成，但切勿打至起面筋。

馅料

1. 将两种芝麻洗净，炒香，以白芝麻的色泽变黄为标准。
2. 生猪大油去薄膜，用搅拌机搅成蓉。
3. 把芝麻和猪油放入搅拌机搅打成蓉，加入其他材料拌匀便成。

组合

皮面团出体，每粒重11克，馅料出体，每粒重11克，然后把面团包入馅料，搓圆，蘸少许清水，滚上芝麻捏实，放入暖油以慢火浸炸，待慢慢浮起，转大火炸至金黄色，其间可用镬铲推动煎堆。

桂花

桂花又名"木樨"，品种有许多，色泽金黄，花朵微细，散发淡淡甜香，中国北方人爱用砂糖醃制成糖桂花，其外观呈半干湿状态，桂花则变成黏状，味道不会很甜，但却散发出阵阵清幽香味。普遍运用在甜品和甜菜肴里，以增加食物香气，但切忌放得太多，否则令制品变苦涩。

原来如此

Q 为什么制煎堆时搓揉面团不能用力过猛？

A 煎堆的优点是外脆内软，入口松化，韧度足却糯软，口感丰富，所以搓揉面团时不能用力过猛，时间要恰到好处，否则面团的网络结构会变得过度绵密，弹力过大，就会变得硬实。事实上，面粉的特质有韧度和伸展功能，故宜加入没有筋性的半熟糯米粉团以调节面团的软硬度，这样不至于过软或过硬，才会产生入口糯软、口感十足的质感。

专业指导

煎堆的馅料能流动，这是由于含大量猪油，猪油受热后会从固体转化为液体。

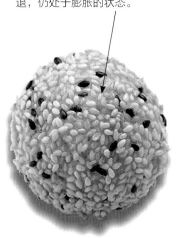

煎堆形状浑圆，没有凹陷，表示煎堆内的空间布满空气，热度未退，仍处于膨胀的状态。

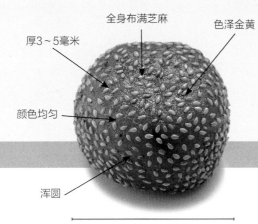

厚3~5毫米
全身布满芝麻
色泽金黄
颜色均匀
浑圆

直径约8厘米

空心煎堆

材料

粉团
泡打粉19克
猪油40克
砂糖265克
澄面粉40克
清水450克
糯米粉600克

饰面
白芝麻适量

做法

粉团

把所有材料混合搓匀成团。

组合

1. 粉团搓长,出体,每粒重40克,揉成球状,手沾少许清水,滚上芝麻,捏实。
2. 放入暖油中,以慢火浸开面团,待煎堆慢慢浮起,转大火炸至金黄色。其间用炸篱按压和推动煎堆。

糯米粉

由白糯米研磨成粉末状，色尚白，触感细滑中带点粗糙，无味道，当与清水混合搓揉，进行糊化作用时，黏度很高，没有明显的硬度，只有糯软，质感硬实中带点柔软，粉团加热后会变得湿漉漉。糯米粉是点心师常用的粉料之一。

认材为用

原来如此

Q 为何煎堆在油炸时要按压？

A 俗语说："搓圆按扁，由你说了算。" 这正好套用在炸煎堆的技巧中，因为在空心煎堆里，没有馅料，只有空气，空气会受热膨胀，若运用镬铲旋转推动，可使煎堆内的空气流转，随着空气膨胀，内里空间扩大，煎堆就会变得浑圆饱满。若小心揉压制品，使面团伸延，煎堆的体积也会变大。

专业指导

煎堆保持干爽，没有回油迹象，相反，煎堆变软身，表示热气过后，不能困住里面的水分，所以油脂和水分会因气化转回液化状态，浮附在表面，出现油淋淋的状况。

煎堆凹陷，因为热度退后降温，不能令煎堆内的空气保持膨胀，胀发不起。

85

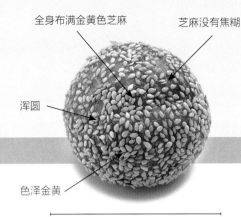

全身布满金黄色芝麻

芝麻没有焦糊

浑圆

色泽金黄

直径约3厘米

红豆沙煎堆仔

材料

皮面团
面粉600克
砂糖115克
猪油150克
梳打粉4克
清水300克
咸水角皮团150克（参阅
　　"咸水角"，第36页）

馅料
红豆蓉1200克

饰面
白芝麻适量

做法

皮面团

将所有材料放入搅拌机内用慢速打至细滑便成，但切勿打至起面筋。

组合

皮面团出体，每粒重19克，馅料出体，每粒重19克，然后把面团包入馅料，搓圆，蘸少许清水，滚上芝麻后放入暖油中以慢火浸炸，待慢慢浮起，转大火炸至金黄色，其间可用镬铲推动煎堆。

红豆

红豆主要产自中国和日本。它含丰富的糖分和淀粉，特别适合制作甜品或点心馅料。中国山东出产的红豆，全身浑圆，色泽艳丽，经烹煮后质感绵软，淀粉十足，可惜烹煮后会脱色，有时可能还会混杂有少量永远也煮不烂的"铁豆"。日本红豆依颗粒大小分成大红豆、中红豆和小红豆，尤以小仓红豆的品质最好，烹煮后仍能保持色泽，粒粒稔软，香味浓郁。

认材为用

原来如此

Q 为什么煎堆会掉芝麻？

A 面团受热后胀大，外围张力增大，如果不先把面团表面湿润，进行简单的糊化作用，变成微糊浆，则芝麻只是轻轻黏附于表面。当面团受热发胀时，因张力增大了的面团表面便会产生力度，把芝麻推走，于是芝麻便会掉落在油锅中。掉下的芝麻会因受热过度而变焦，弄黑炸油，随油脂粘回制品，污染成品。

专业指导

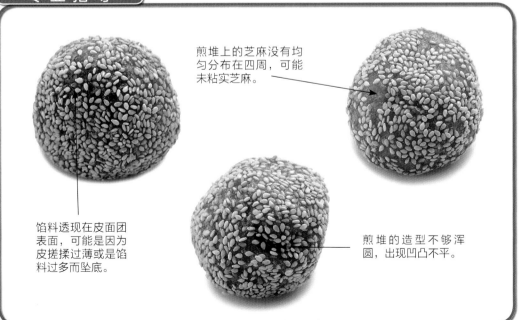

煎堆上的芝麻没有均匀分布在四周，可能未粘实芝麻。

馅料透现在皮面团表面，可能是因为皮搓揉过薄或是馅料过多而坠底。

煎堆的造型不够浑圆，出现凹凸不平。

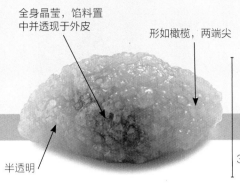

全身晶莹，馅料置
中并透现于外皮

形如橄榄，两端尖

西米角皮

3.5厘米宽

半透明

5厘米长

材 料

皮团
西米600克
砂糖190克
猪油150克

馅料
红豆蓉600克

做 法

皮团

西米浸泡20～30分钟，沥干，加入砂糖及猪油拌匀。所有材料
拌匀，放入蒸笼以大火蒸2～3分钟便成半熟皮团。

馅料

红豆蓉出体，每粒重11克，搓成椭圆形。

组合

取出西米皮团，出体，每粒重19克，包入馅料，收成橄榄形，
放入蒸笼，以大火蒸8分钟即可。

西米

由淀粉组成的实心细小颗粒，以白色为主，亦有其他颜色，如绿色、粉红色等，经烹煮后变成半透明状，熄火后，原锅不动待片刻，整粒会变得晶莹剔透，状如小珍珠。为了配合市场需要，制作西米时，可将粒子变大至直径约1厘米，这样更具韧度和弹性。近期在市场上出现由海藻提炼而成的小颗粒，它状如西米，弹性更大，不会煮糊，透彻晶莹。

认材为用

原来如此

Q 为何水温会影响到制品的涨发效果？

A 干货涨发的目的在于使干制品重新吸收水分，回复原有的形状和鲜嫩、松软的状态，同时除去腥臊气味和杂质，便于烹调和合乎食用要求。水分传入制品内部进行复水作用的快慢，与使用水温有直接关系。水温升高，水的扩散速度和通过细胞膜的渗透速度增加，能加快涨发速度。针对不同制品水温应有差异。一般含淀粉类制品，应以冷水涨发，这可减缓高温所引起的物理变化和化学变化，且能妥善利用复水方法，回复制品原状。

专业指导

西米角两端收得不完美，一端尖而另一端圆。

有些西米未煮通透，所以会出现半通透状。

西米皮团不够平滑，厚薄不一，出现凹凸不平的现象。

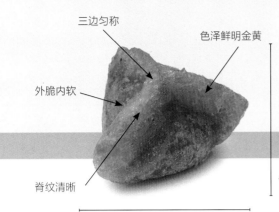

三边匀称

色泽鲜明金黄

外脆内软

脊纹清晰

4厘米高

5厘米长

家乡
炸油粿

材料

番薯皮团
红心番薯1200克
糯米粉600克
澄面粉225克
砂糖113克
油75克

馅料
炒香白芝麻150克
炸香花生碎300克
潮州红糖600克

做法

番薯皮团

先把番薯蒸熟，将其用搅拌机以快速搅打成薯蓉，加入糯米粉和澄面粉、砂糖、油搓匀成团，再加入食用橙黄色素水调色。

馅料

所有材料拌匀。

组合

番薯皮搓长条，出体，每粒重19克，包入11克馅料，捏成三角形，放入八成热的油中以中火炸至金黄色即成。

番薯

番薯属于根茎类蔬菜，甜度高，质感细致幼滑，淀粉含量很高，薯肉依品种不同而有紫、黄、橙、白等多种颜色，未煮的番薯切开时，会流出一层粉质液体，然后与空气接触会变黑。通常番薯外皮有咖啡、紫和淡咖啡等颜色，偶有焦黑液体凝聚在两端，焦黑液体越多就表示番薯的糖分越高，所以新买回来的番薯可在室温下放置一段时间，让水分收干，令糖分集中。烹煮后，番薯肉变得糯软，入口溶化，老番薯会偶有粗纤维，嫩番薯则没有很多纤维。

认材为用

专业指导

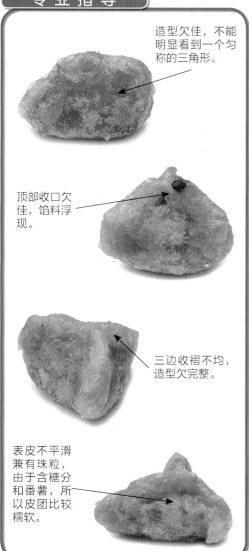

造型欠佳，不能明显看到一个匀称的三角形。

顶部收口欠佳，馅料浮现。

三边收褶不均，造型欠完整。

表皮不平滑兼有珠粒，由于含糖分和番薯，所以皮团比较糯软。

原来如此

Q 为何要搓入蔬菜令面团变色？

A 昔日，点心师制作酥点或饺子时，为了造型神似，会加入食用色素，增加艺术感觉，然而在讲求饮食健康的潮流下，点心师会尽量利用天然色素混合面团，加强造型效果，一般会使用蔬菜汁或茎类植物的淀粉来创造美感。如果加入这些天然色素，必须留意它们是属于液体还是淀粉，要按需要来调校食谱分量，否则分量不准确会使制作失败，不是过于干硬，就是组不成团。

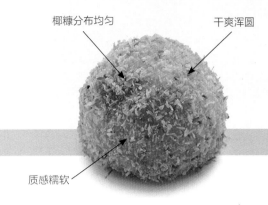

椰糠分布均匀　　　干爽浑圆

质感糯软

直径约3厘米

花生糯米糍

材料

皮面团
糯米粉1200克
澄面粉40克
生粉75克
砂糖450克
纸包奶600克
菜油40克

馅料
烘香椰糠150克
炒香芝麻150克
砂糖450克
粗粒花生酱300克

饰面
烘香椰糠适量

做法

皮面团

先把砂糖和纸包奶搅至溶解，再与其他材料混合，倒入糕盆中以大火蒸熟，需时约20分钟。

馅料

把所有材料拌匀即成。

组合

将皮面团略搓，出体，每粒重19克，包入11克馅料，收口，搓圆，滚上椰糠，便可享用。

TIPS

面团的干湿度，直接影响面团是否能收口，因为面团太湿，黏度很高，糊口又粘手，面团太干硬，则不容易收口。

猪油

以猪膏或肥猪肉精制，继而进行净化澄清，达到脱臭和脱色的动物油脂就是猪油。猪油按部位与炼制方法分为很多种，其中以板油（即猪大油）的品质最优，它质地细致，颜色洁白，呈固体状，加热后变成液体状，能流动，味道独特温和，含坚果味，由于它的油性较好，可使产品有酥和松的效果。

专业指导

椰糠看似有点湿润，可能皮面团的湿度过高。

面团太软，不够挺身，容易泻下，造型不够浑圆。

馅料和面团比例恰当，加上面团糯软，馅料成团却有流散效果，造成流沙感觉。

原来如此

Q 为何皮面团要先蒸后搓？

A 糯米粉与清水混合搓揉，调成粉浆，质感流动，经蒸煮过程令粉浆进行糊化作用，淀粉从固体变作半固体状，仍能有缓慢流动。趁热利用拳头的阴柔力捣打面团，可把内里的空气逼出，收窄网络空间，还可以把部分水分蒸发，让面团变得有口感。

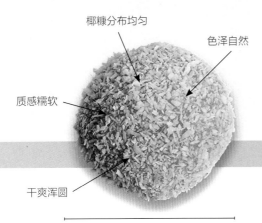

椰糠分布均匀

色泽自然

质感糯软

干爽浑圆

直径约3厘米

芒果糯米糍

材料

皮面团
糯米粉1200克
澄面粉40克
生粉75克
砂糖450克
纸包奶600克
猪油40克
芒果味香油1/4茶匙
食用橙黄色素少许

馅料
芒果粒600克（后下）
芒果蓉300克（后下）
纸包奶300克
鲜忌廉300克
粟粉57克
砂糖75克

饰面
椰糠适量

做法

皮面团

先把砂糖和纸包奶搅至溶解，再与其他材料混合，倒入糕盆中以大火蒸熟，需时约20分钟。

馅料

鲜忌廉和粟粉拌匀。把砂糖和纸包奶煮溶，倒入忌廉、粟粉混合物，同煮至浓稠，加入芒果蓉拌匀，待冻后放入芒果粒。

组合

皮面团略搓，出体，每粒重19克，包入15克馅料，收口，搓圆，滚上椰糠，便可享用。

TIPS

用椰糠饰面，其作用一是装饰，二是由于它的吸湿性较好，能令皮面团不会太潮湿。

芒果

芒果属于亚热带水果，品种繁多，据统计超过2500种。大部分芒果味道甜美，果汁丰富，果肉嫩滑细致，因此芒果的受欢迎程度很高。它的颜色有青、黄、粉红带绿和橙黄等，非常诱人，至于芒果的形状则有圆、椭圆和腰子形，体积方面，长度小至5厘米、大至20厘米不等。一般以鲜货供应为主，主要来自泰国、菲律宾、澳大利亚、中国台湾等国家和地区，生产商还会制成蜜饯、罐装饮料、果蓉和脱水果片等。

认材为用

专业指导

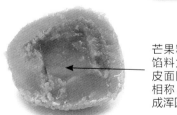

收口包褶不完美，褶纹能清晰地看到，不过面团还算挺身，造型浑圆。

造型不完美，角位频见，可能面团过于柔软，略显泻身。

芒果粒太大，馅料太少，与皮面团比例不相称，不易造成浑圆形状。

顶部表面出现裂痕，可能皮团出现收水或不小心被重物挤压而造成。

原来如此

Q **如何制作有色面团和增加面团的软滑口感？**

A 制作有色糯米糍团，可以用食用色素来调色，增加皮面团的色泽，好处是成本便宜，但是过于人工化。至于要增加面团的软滑口感，不妨利用雪糕取代部分纸包奶，它无论味道和口感都相当不俗，因为雪糕含重忌廉成分，油脂重，能改善粉团的柔软质感，变得更加纤细柔滑，糯软度大增，不易失去湿度而变硬，能保持柔软质感久一点。

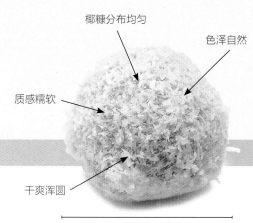

椰糖分布均匀

色泽自然

质感糯软

干爽浑圆

直径约3厘米

绿茶 糯米糍

材料

皮面团
香片茶叶75克
清水1200克
糯米粉600克
澄面粉75克
奶粉75克
砂糖450克
猪油40克
食用绿色素水2茶匙

馅料
椰糖150克
清水75克
鲜椰丝450克
炒香芝麻75克

饰面
椰糠适量

做法

皮面团

清水煮滚，冲入茶叶泡茶，晾凉备用。取出茶1斤12两（1050克）调开其他材料成粉浆，用隔筛过滤，隔去粉粒，倒入糕盆中以大火蒸熟。

馅料

椰糖加清水煮溶，加入鲜椰丝煮至糖水收干，熄火，加入炒香芝麻拌匀。

组合

皮面团搓匀，出体，每粒重19克，包入馅料15克，收口，搓圆，滚上椰糠即成。

椰糖

椰糖是东南亚的特产，色泽棕褐，有点像中国人用的片糖，味道浓甜，带有椰子和焦糖香味，风味独特，质感有点硬，常以圆柱体形状出现。它泛指使用棕榈糖所制成的粗糖，未经精制，故色泽较深且颗粒粗碎。

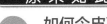

认材为用

原 来 如 此

Q 如何令皮面团变得糯软而富弹性？

A 面团搓揉程度不同，面筋产生率也有差别，适当调节面团的搓揉程度和时间，便可控制面团的特性。热面团因含大量水分，比较黏贴湿润，应以均匀力度揉搓，不宜反复揉搓，让部分水分挥发或游走回到面团。搓至稍凉，力度便应改变，使点力，面团才能搓出筋性，变得有韧度。但应适可而止，切忌过分搓揉，令面筋断裂，并失掉柔糯特质。

专 业 指 导

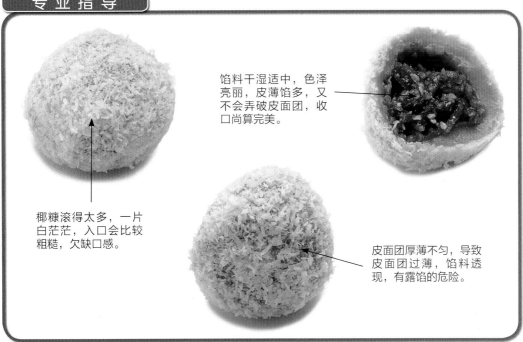

馅料干湿适中，色泽亮丽，皮薄馅多，又不会弄破皮面团，收口尚算完美。

椰糠滚得太多，一片白茫茫，入口会比较粗糙，欠缺口感。

皮面团厚薄不匀，导致皮面团过薄，馅料透现，有露馅的危险。

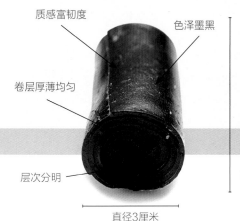

质感富韧度

色泽墨黑

卷层厚薄均匀

层次分明

7厘米长

直径3厘米

芝麻卷

材料

黑芝麻浆4200克
马蹄粉900克
砂糖1800克
清水600克

做法

1. 用清水调开马蹄粉。

2. 将黑芝麻浆加砂糖同煮至微滚，把半分马蹄粉水慢慢加入，搅至流离状，待凉，再加入其余马蹄粉水拌匀，用隔筛过滤成细滑芝麻粉浆。

3. 用长约20厘米的长勺舀芝麻浆，倒入直径22厘米的盆中，摇平，放入蒸笼以大火蒸3分钟。

4. 待芝麻皮冷却后，卷成卷状便成。

TIPS

黑芝麻浆的材料为黑芝麻450克、白芝麻150克、清水6000克。先把芝麻用焗炉焗香，然后加清水搅烂，用疏筛滤渣后便是芝麻浆。

马蹄粉

马蹄（荸荠）生于泥塘里，形状上尖下宽，外皮黑褐色，肉是白色，汁液清甜，淀粉颇重。马蹄经研磨成粉末，待粉浆沉淀、干燥后便是马蹄粉，它颗粒粗大，色泽灰白，与水结合，烹熟后黏度高，呈半透明状，韧度高而富弹性，状态黏糯，不够干爽。

专业指导

黑芝麻皮厚薄不一，由于蒸黑芝麻生浆时，没有摇匀或平放便上笼蒸熟所致。

黑芝麻卷的表面不平滑，出现凹凸不平的细纹，这与糕盆的平滑度或是蒸黑芝麻浆的火候控制是否得宜有直接关系。

黑芝麻皮能拉出而不断，可惜表面出现小气泡，不够平滑，这与芝麻浆含油分或没有完全搅匀有关。

原来如此

Q 为什么芝麻卷蒸熟后不会断开？

A 芝麻卷是以马蹄粉为原料的。马蹄粉含丰富淀粉质，黏度十足，有助于面团伸延。它吸水力强，与清水结合变成浓淀粉浆，蒸时淀粉产生糊化作用，连同芝麻的大量油分互相配合，便能造成韧度十足的粉皮。有热度的芝麻卷呈透明状，放凉后芝麻皮会变得不透明，韧力更强。

坚挺而有光泽　　　　　柔软而有韧度

芝麻糕

5厘米高

颜色黑润

5厘米长

材料

黑芝麻水2100克
纸包奶150克
砂糖756克
马蹄粉340克
麻油75克（后下）

做法

1. 将纸包奶和黑芝麻水300克拌匀，与马蹄粉拌成粉浆。
2. 把砂糖放入剩余的黑芝麻水中煮溶，撞入粉浆搅至半熟，再拌入麻油，呈流离状，倒入直径为22厘米的糕盆中。
3. 放入蒸笼，以大火蒸45分钟即成。

TIPS

1. 黑芝麻和清水的比例是1∶6，磨浆取出。
2. 纸包奶价钱实惠，品质稳定，浓稠度适中，点心师最爱使用。
3. 黑芝麻研磨的粗细度会直接影响到制品的效果，建议研磨时间长一点，或是多研磨1~2次，这样粒子才会幼滑细致。
4. 芝麻糕出现的黑色微粒，就是芝麻的渣滓，不过研磨过于细致，芝麻的麻油会被逼出，糕身会比较油润而有光泽。
5. 黑芝麻必须经过烘香或热炒，味道才会溢出，香味才会浓郁。

黑芝麻

黑芝麻属种子类，纯黑有光泽，没有味道，颗粒细小，含丰富油分，烘香后发出独特的香味，适合作点心面装饰，也有人把它研磨成芝麻粉做甜品或馅料，日本人还把它加工成黑芝麻酱来涂包点。精炼的芝麻油，味道集中香浓，纯度越高，味道越浓，适合拌面和提味。

认材为用

糕色不够黑，黑芝麻和清水的搭配不符合比例。

糕身硬实，欠柔软度，没有用马蹄粉，改用了其他材料（琼脂），所以质感爽滑。

糕身粗糙，表面风干后起硬皮，有可能是用了不同的粉料去制作。

Q 如何增加芝麻糕的香味？

A 芝麻必须烘焗才能渗出味道。它原是一粒种子，被外皮包裹，嗅不到味道，烘焗后固体脂肪转为液体状，渗出外皮，整粒芝麻变得油润而具光泽。如果将芝麻研磨成粉末状，外皮被完全破坏，油脂浮现，香气更浓，与清水调配，味道被稀释，点心师便添加麻油，增强糕的香味，还可以令糕身油润而有光泽，质感细腻。

韧度足够

晶莹剔透，馅料
分布均匀

4厘米高

4厘米长

圆肉杞子桂花糕

材 料

清水1500克
冰粒1500克
鱼胶粉94克
砂糖300克
片糖150克
百花蜜150克
桂圆肉19克
枸杞子19克
桂花20克

做 法

1. 将清水、砂糖及鱼胶粉拌匀煮溶，加入百花蜜拌匀，放冰箱冷藏至半凝结状。
2. 枸杞子、桂花和桂圆肉用热水浸发好，隔水留渣。
3. 待鱼胶糖水呈半凝结状，加入枸杞子、桂花和桂圆肉拌匀即成。

TIPS

1. 百花蜜用30℃的温水开稀，加入鱼胶糖水内拌匀。
2. 如想增加桂花的香味，可以把部分已浸泡的桂花拌入糕内。

枸杞子（杞子）

枸杞子是枸杞的果实。枸杞有野生的和人工培植的，果实色泽鲜红，两端尖，形如橄榄，颗粒细小，味道鲜甜，也可作干果享用。枸杞子经浸泡后发胀，肉质稔软。坊间有些枸杞子颗粒大，味道淡，如果发现特别鲜红的颜色，可能被染色，故浸泡后脱色，甚至味道变酸，选购时宜小心。

原 来 如 此

Q 为何糕馅会坠底？

A 材料和清水的密度直接影响到糕馅的分布，若液体比馅料密度低，馅料不能浮起，便会沉底下坠。这便是糕底有馅料、糕面没有馅料的原因。

专 业 指 导

枸杞子沉底，因为没有待糕处于半凝结状再加入枸杞子，枸杞子密度比糕液重而下坠。

糕身回软泻水，加入枸杞子、桂圆肉和桂花太多，容易碎裂。

馅料与蜜糖糕比例不合适，由于馅料太多，容易令蜜糖糕崩裂。

103

糕身有韧度

桂花能均匀分布

夹层没有分离

枣蓉能与
糕结合

5厘米高

5厘米长

桂花 红枣糕

材料

红枣糕
红枣300克
鱼胶粉49克
鲜忌廉150克
清水1350克
砂糖450克

桂花糕
清水1500克
鱼胶粉49克
干桂花8克
砂糖600克
百花蜜150克

做法

红枣糕

1. 把红枣去核，用清水煮至熟烂，去皮隔渣。
2. 用清水将砂糖和鱼胶粉同煮溶，加入红枣蓉拌匀，再加入忌廉拌匀，放入冰箱冷藏至接近凝固。

桂花糕

1. 清水烧开，干桂花泡3分钟，浸至出味。
2. 将桂花水、砂糖及鱼胶粉混合，搅至砂糖和鱼胶粉完全溶解，待冷，倒在红枣糕的面上，放回冰箱冷藏至凝固即成。

红枣

红枣是枣树的果实，饱满椭圆，两端平坦。未成熟的枣为青色，成熟时为红色，果肉爽脆，微甜，加工后枣肉变软，纤维丰富，甜味增强。

认材为用

原来如此

Q 为何蜂蜜能令糕点绵软？

A 蜂蜜是常用甜味剂，可应用于制作糕点、菜肴和饮料，不但可增加甜味，还含丰富的果糖和葡萄糖。由于这两种糖具吸湿性，故蜂蜜能使食品绵软，质地均匀，防止食品干燥龟裂，并在特定时间内保持柔软性和弹性。

专业指导

桂花糕晶莹剔透，桂花有沉底倾向，红枣糕质感绵软，夹层没有分离。

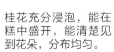

桂花充分浸泡，能在糕中盛开，能清楚见到花朵，分布均匀。

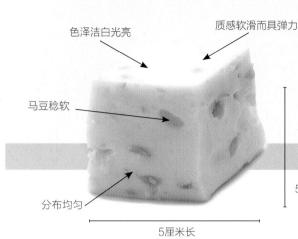

色泽洁白光亮

质感软滑而具弹力

马豆稔软

分布均匀

5厘米高

5厘米长

椰汁马豆糕

材 料

鱼胶粉98克
清水600克
砂糖600克
椰汁996克
纸包奶910克
鲜忌廉1000克
熟马豆75克

做 法

1. 鲜忌廉打起，备用。
2. 用清水将砂糖及鱼胶粉一同煮溶。
3. 撞入鲜忌廉，快速搅匀，再加入椰汁和纸包奶拌匀。
4. 加入熟马豆，倒入直径为22厘米的糕盆中，放冰箱冷藏凝固便成。

TIPS

1. 马豆应该煮软一点，因豆经冷冻而流失水分，会变得比较硬实。
2. 纯用鱼胶粉做糕，糕身显得有点塌软泻身，不够坚挺，可以加点大菜丝改善糕身的软硬度，只要把鱼胶分量扣除，改用同分量的大菜丝即可。

马豆

马豆是古老食物，原产于亚洲和北非，全世界均有种植。它含大量的碳水化合物和植物蛋白，还含有丰富的维生素和矿物质，一般会以干货出售。马豆种于田园里，豆肉黄色，颗粒细小，质感略硬，含独特味道，煮后豆肉变软，只是体积胀大而形状不变，质感带点硬且有口感。

认材为用

专业指导

糕身不够平滑，表面出现气泡，可能是倒入糕盆时没有把气泡弄破。

糕身呈透明状，比较爽身，加入大菜丝、椰汁或鲜奶的分量少了。

糕身有光泽，不够细滑，可能搅糕浆时没有彻底拌匀。

原来如此

Q 为何马豆必须完全煮熟？

A 马豆含有植物的凝集素，能使人体内红细胞凝集，有食物中毒的潜在危险。高温能破坏凝集素，使它的毒性消失，所以必须煮熟。如果马豆煮得不够熟，口感会变得生硬，豆腥味重，味道不好。

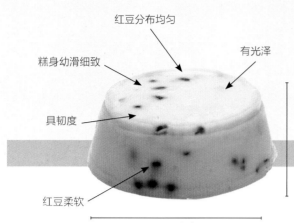

红豆分布均匀

糕身幼滑细致

具韧度

红豆柔软

有光泽

5厘米高

5厘米宽

椰汁红豆糕

材料

鱼胶粉98克
清水600克
砂糖600克
椰汁896克
纸包奶900克
鲜忌廉1000克
熟红豆600克

做法

1. 鲜忌廉打起，备用。
2. 先用清水将砂糖及鱼胶粉一同煮溶，然后加入熟红豆。
3. 撞入鲜忌廉，快速搅匀，再加入椰汁和纸包奶拌匀。
4. 倒入直径约22厘米的糕盆中，放冰箱冷藏凝固便成。

TIPS

1. 熟红豆可用600克红豆配1360克清水同煮至水收干，熄火焗30分钟。
2. 熟红豆要先滤去豆水，再用清水冲洗，才能混入椰汁糕，否则糕身不洁白而变红。

鲜忌廉

是乳制品的一种，质感细致幼滑，状如牛奶，浓度高，具香味，按含油脂成分的多少分为重忌廉、单忌廉和搅打忌廉等品种，可应用于甜品、糕点和煮汤，能令制品的质感嫩滑，增加香甜味道。

原来如此

Q 为何冻糕要加入鲜忌廉？

A 鲜忌廉可改善糕身质感，令它变得幼滑细致，因为含丰富油脂，能在分子空间困着气泡，随着抽打过程而强行渗入空气，令体积胀大。如果抽打过度，会破坏鲜忌廉的肽链结构，使鲜忌廉变成如牛油的膏状，或是变成粒状，不够细滑，或是出现液化状态，虽然还可应用，但制品效果不理想。

紫米分布均匀

有光泽

糕身幼滑细致

具韧度

6厘米高

紫米稔软

6厘米长

椰汁紫米糕

材 料

鱼胶粉98克
清水600克
砂糖600克
椰汁896克
纸包奶900克
鲜忌廉1000克
熟紫米600克

做 法

1. 鲜忌廉打起，备用。
2. 先用清水将砂糖及鱼胶粉一同煮溶，然后加入熟紫米。
3. 撞入鲜忌廉，快速搅匀，再加入椰汁和纸包奶拌匀。
4. 倒入直径约22厘米的糕盆中，放冰箱冷藏凝固便成。

TIPS

1. 紫米要快速煮熟，应该先浸泡30分钟，待外皮软化，再加热烹煮，这样米粒才容易煮烂。
2. 如果想增加口感上的层次，可加入一点熟红豆，提升糕点的味道。
3. 由于糕身只用了鱼胶粉作凝固剂，如果在室温下放置过久，就会出现糕身变软下泻，甚至有水渗出。当发现此状况时，应尽快放回冰箱冷冻凝固。

紫米

是泰国品种的糯米，颜色紫蓝，米粒外皮颇硬，不易煮稔软，需要预先浸水，软化外皮再烹煮，这样效果才理想。煮熟的紫米，质感绵软，具黏度，仍可见到原粒状，广泛运用于制作甜品和布甸。

原来如此

Q 为何冻糕可以入口即化？

A 鱼胶分为植物性凝固剂和动物性凝固剂。前者由海藻、木薯或果胶提炼而成，属于多糖类物质，熔点为80~100℃，无色无味，质感柔软而富弹力，晶莹剔透。后者采用动物骨的胶原蛋白，熔点为27~31℃，因熔点接近体温，所以入口即化，保存期长，不过热稳定性差。倘若嫌冻糕过软，可加入大菜丝来增强硬度和爽口的质感。

专业指导

糕身稔软，不够韧度，出现回水迹象，因在室温下放置过久。紫米分布均匀，糕身不洁白，可能与紫米冲洗不干净有关，但质感仍然嫩滑而有光泽。

111

柚子草莓冻糕

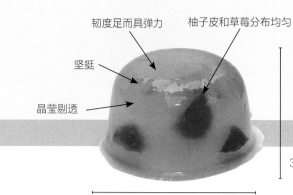

韧度足而具弹力

柚子皮和草莓分布均匀

坚挺

晶莹剔透

3厘米高

直径5厘米

材料

柚子蜜150克
鲜草莓30粒
砂糖525克
鱼胶粉94克
开水1500克
冰粒1500克

做法

1. 鲜草莓洗净，切粒。
2. 砂糖和鱼胶粉预先拌匀，加入开水置锅中煮溶，再加入柚子蜜拌匀。
3. 熄火，放入冰粒拌匀，备用。
4. 把半份柚子蜜鱼胶溶液和草莓粒倒进器皿内冷冻至半凝固状。
5. 取出，倒入余下的柚子蜜鱼胶溶液，放回冰箱冷冻至凝固便可。

柚子蜜茶

近年来，韩国食物进入中国市场，广为人知的要数这种柚子蜜茶，它以韩国南方特产的黄金柚子皮调配蜜糖而成，是具养生功能的饮品。黄金柚子体型小（大小近似椪柑或新奇士橙），果肉不多，具有丰富的维生素C（是柠檬的3倍），其肥厚表皮含精油，比一般柑橘类含量高4倍，更含有天然果胶和高纤维质，是早期进贡给"高丽国王"的宫廷圣品。

认材为用

原来如此

Q 冻糕的凝固剂是什么？

A 中国糕点很少用冻的技法，随着东西文化交流，洋为中用，港式冻糕开始被广泛采用。所谓冻的技法，意即将富含胶质的原料加热溶解，再冷却凝固成晶冻食品。一般应用的胶质为动物胶和植物胶两类。前者由胶原蛋白和弹性蛋白组成，主要分布在动物的表皮、骨头及结缔组织；后者则以海产石花菜为主，它亦是大菜的主要成分。这些胶质原料与水有较强的亲和力，会随着温度的升高而加强其特质，故当加热变成胶液时，离火，水温慢慢下降而胶质分子活动减慢，相互联结，形成不规则的特殊网状组织结构，这些细小结网紧紧吸纳水分，使其不能流动。简括而言，水分子散布在胶质体之中，凝结成富弹性而具凝胶状态的半固体状。

专业指导

草莓的密度比鱼胶液高，不易浮于液体上，故沉淀于底部。

蜜糖糕先做了底层，但添加其他鱼胶液时，底层已凝固，所以草莓和柚子皮便明显分出两层。

柚子皮和草莓的重量和粗细不同，前者质重，后者质轻，故柚子皮坠于糕底，而草莓则浮于糕面，当把糕翻转倒出时，便出现上层是柚子皮而下层是草莓的现象。

糕层紧密相连

韧度足而具弹力

坚挺

两糕颜色分明，
没有混浊

7厘米高

4厘米宽

红豆绿茶糕

材料

红豆糕
红豆450克
清水1200克（煮红豆用）
鱼胶粉49克
砂糖300克
椰汁约400克

绿茶糕
绿茶粉28克
忌廉113克
清水1500克
鱼胶粉49克
砂糖300克

做法

红豆糕

1. 红豆洗净，用清水900克浸泡30分钟，以大火煮开，再转中火煮1小时至稔软，熄火，原锅浸焗1小时。
2. 砂糖和鱼胶粉拌匀，加入清水同煮至溶解，再加入椰汁煮开。
3. 把红豆用开水冲去色素，放入鱼胶糖水中拌匀，倒进器皿，放冰箱冻至半凝固状。

绿茶糕

1. 绿茶粉用75克清水拌匀，再与其他材料混合，否则不易溶解。
2. 用清水将鱼胶粉煮至溶解，加入忌廉和绿茶粉液煮开，拌匀，熄火，待凉。

组合

取出红豆糕，倒入绿茶糕液，放冰箱冻至凝固便可。

TIPS

1. 鱼胶粉与砂糖拌匀，再与清水同煮，这样比较容易煮溶。
2. 绿茶粉由于是用茶叶研碎，偶有残渣，不易完全溶入清水，可用漏勺过滤数次，效果会更理想。
3. 双色糕可随个人喜好而隔色。

绿茶粉

绿茶粉是一种粉茶，利用粉碎机将传统茶叶研磨成茶粉，呈粉末状，含有大量的食物纤维及机能性成分，含有丰富的维生素E、维生素C、维生素B_1、维生素B_2、钙、儿茶素、纤维素，能排出自由基，增强抵抗力，还有帮助消化、促进大肠蠕动的优点。绿茶粉也是最佳的天然色素来源，可作加工食品之配料、添加料或天然着色剂。一般应用在饼干、蛋糕、雪糕等的制作中，且已趋于商业化生产。优质的绿茶粉色泽天然，具茶叶的清香味道。

绿茶粉因含有茶叶残渣，所以在夹层位置出现残渣，与红豆糕不融合。

红豆因连皮煲煮，不是完全的红豆沙状，故它的豆衣经多次过滤，仍然残留在糕底。

绿茶粉的茶叶残渣沉淀于器皿底，因其密度大于绿茶粉末，形成深浅易见的双色层，这是正常现象。

Q **为何动物性的鱼胶做的冻糕能入口即溶？**

A 烹调用的鱼胶分为植物性和动物性两种。前者指果胶或大菜（日本称为寒天），属于多糖类物质，熔点为80~100℃，没有太多的营养价值，具凝胶作用；后者是动物性鱼胶，由动物骨头或其骨胶原提炼而成，带点异味，但它含胶原蛋白，熔点为27~31℃，接近体温，所以具有入口即溶的特质。

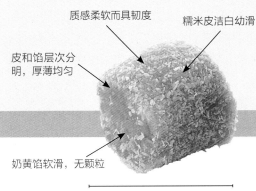

质感柔软而具韧度

糯米皮洁白幼滑

皮和馅层次分
明，厚薄均匀

奶黄
糯米卷

3厘米高

奶黄馅软滑，无颗粒

8厘米长

材料

糯米皮团
糯米粉375克
澄面粉75克
油38克
清水380克
椰糠150克（铺面用）

奶黄馅
粟粉38克
面粉75克
吉士粉38克
奶粉38克
鸡蛋3个
砂糖188克
花奶103克
椰汁100克
牛油113克
清水300克

做法

糯米皮团

1. 把糯米粉、澄面粉和清水拌匀。
2. 加入油拌匀，倒入已垫保鲜纸的器皿里，放入蒸笼内，以大火蒸3~4分钟，便成糯米团。

奶黄馅

1. 把所有材料拌匀，放入器皿里，以大火蒸25~30分钟至呈浓稠状。
2. 取出搅至细滑，便可使用。

组合

1. 把糯米皮团倒在已放椰糠的台上，碾平。
2. 放上奶黄馅，卷成长筒状，切件便可。

TIPS

1. 糯米皮的软硬度会直接影响到卷曲后的造型。
2. 糯米皮冷冻后水分会挥发，所以质感会硬挺一点。
3. 糯米皮太软，不易卷曲，入口糯软湿润；糯米皮太硬，容易卷曲，嚼口会硬挺一点。

吉士粉

吉士粉又称为"鸡蛋粉"，是一种有鸡蛋味道的香料粉，呈粉末状，浅黄色或浅橙黄色，具有浓郁奶香和果香味，坊间分为即食和烹煮两种。它由稳定剂、食用香精、食用色素、奶粉、粟粉等组合而成，主要利用它的特殊香气和味道作制品调色剂和调味料的用途。吉士粉只要加入少量液体混合，便会调成浓稠的面糊状，质感柔软而带有独特香味。

认材为用

原来如此

Q 用蒸的方法弄熟材料，优点在哪里?

A 将要加工的材料放入蒸笼内，利用不同热力产生的强弱不等的水蒸气使材料变熟，其优点是无论加热的时间长或短，均可保持材料的原汁原味。由于水蒸气的温度比水的沸点高，可达到105℃左右，而水蒸气又能形成一定的压力，且湿度饱和，所以它可以促使材料较快变熟，在加热时，水蒸气量的大小、加热时间的长短可导致材料的质感形成软、酥、烂等特点。

专业指导

糯米皮擀碾不平，造成层次不均，中间部分的糯米皮太厚。

包入不同的馅料，如莲蓉或红豆蓉都可以，只是夹层的颜色不同而已。

馅料和糯米皮太柔软，层次不清，一片模糊。

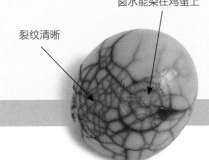

裂纹清晰

卤水能染在鸡蛋上

茶叶蛋

材料

鸡蛋70个

卤茶料
普洱茶300克
桑寄生75克
寿眉75克
草果2粒
八角4粒
香叶4片
老抽225克
清水9000克
味粉225克
盐150克

做法

1. 把卤茶料放入锅中煲1小时。
2. 鸡蛋洗净，放冷水中煮5分钟，取出敲裂壳。
3. 把鸡蛋放入卤茶内以中火浸至入味便成。

TIPS

1. 茶叶一般会用红茶或普洱茶，借助其色素，再混入绿茶，加强卤汁的香味。
2. 鸡蛋浸泡的时间越长，味道越浓，色泽越深，不过鸡蛋也会囚水分流失而变得硬实。

茶叶

茶原产于中国，经过热水浸泡，释放出香味，为养生食物。早在4000年前，中国人已开始种植茶叶，到了公元800年，日本才开始栽种。茶叶可分为红茶和绿茶两大类。红茶是先经过发酵过程再热烘干燥，绿茶则未经发酵，故色泽泛绿微黄，清香微苦，带点草腥味。

认材为用

原来如此

Q 为什么鸡蛋黄会有黑晕圈？

A 任何蛋品于沸水中加热超过10分钟，都会令蛋内产生化学变化，因为蛋中的蛋氨酸受热过久，会分解出硫化物，再与蛋黄中的铁质发生反应，令蛋周围形成绿色或灰色的硫化亚铁，它不但不被人体吸收利用，还会降低营养价值。此外，蛋品贮存时间过久，也会出现类似情况。

专业指导

蛋壳裂纹自然，外壳的色泽很浅，卤茶味可能不够。

蛋壳没有敲破，影响到鸡蛋吸收卤茶的香味。

蛋白的色泽深，应已吸入足够卤茶。

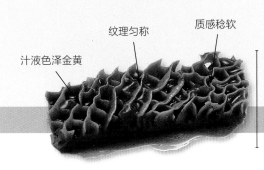

汁液色泽金黄　　纹理匀称　　质感稔软

咖喱
金钱肚

6厘米高

62厘米长

材 料

金钱肚600克

咖喱汁
洋葱碎1个
小葱、芫荽各115克
香茅38克
丁香粉、玉桂粉各19克
豆蔻粉、砂姜粉各19克
大茴香粉、小茴香粉各19克
芫荽粉19克
红椒粉680克
黄姜粉680克
咖喱粉680克
面粉756克
上汤3000克

焖牛肚汁
蒜蓉15克
南乳1/4块
蒜油15克
姜片15克
盐30克
味粉45克
砂糖45克
磨豉酱60克
生抽、老抽各15克
五香粉、胡椒粉各1/5茶匙
上汤600克

做 法

咖喱汁

热镬下油炒香洋葱碎和小葱，加入咖喱粉和面粉炒香，再放入其余香料，慢慢加入上汤搅至浓稠，改用慢火熬煮10分钟，隔渣，备用。

焖牛肚汁

用蒜油爆香姜片、南乳、蒜蓉，再加入其他材料熬煮10分钟即成。

组合

金钱肚洗净，放入滚水中煲1小时，熄火焗2小时，放入焖牛肚汁以大火煮30分钟，转中火焖2小时至稔身。把部分咖喱汁淋在金钱肚上，上蒸笼以大火蒸10分钟即成。

TIPS

磨豉酱是广东特有的调味料。在大豆制品加工过程中，在产生的糟粕中添加糖和盐等调味料加工而成。

金钱肚

牛的胃部俗称牛肚，按功能分为4个胃室，分别是瘤胃（草胃/牛肚）、网胃（蜂巢胃/金钱肚）、重瓣胃（存有许多瓣膜，又称牛百叶、牛柏叶）和皱胃（是牛真正消化食物的胃）。它们因纤维和肉质不同，口感复杂，质地软稔、幼嫩、香滑、爽脆，各有特色。至于金钱肚，也就是牛的网胃，其肉质韧度和弹力十足，肉味浓郁。

认材为用

原来如此

Q 为什么清洗内脏要用生粉？

A 动物内脏含有黏液、污秽并带有异味，可用粗盐、生粉和生油混合擦洗，这样不但能去除臭味，还可以顺带去除黏液，搓揉后用水即可冲洗干净。生粉具有很强的吸附作用，以生粉清洗内脏，除了能去除异味，容易漂洗干净，操作也方便。先用小刀刮去黏液，混合粗盐、生粉和生油擦洗物料，再用清水冲洗，重复数次，最后加点醋抹擦全身，彻底冲水，撕掉肥膏和黏膜，就能彻底去除异味。

专业指导

肉质稔软，属于金钱肚的转弯部分，比较有口感，焖煮时间要长一点。

咖喱汁色泽艳丽，香味浓郁，肉质韧中带软。

醋味浓郁　　色泽金黄
醋甜香

猪脚姜

材料

添丁甜醋3000克
肉姜2400克
猪脚/猪手4只
熟鸡蛋30个
盐少许
油少许

做法

1. 姜洗净去皮，姜肉切大块，用刀略拍，摊开放置12小时吹干，备用。
2. 将姜放入干锅，以中火炒至干身，加少许盐及生油，用中慢火爆约3分钟，取起。
3. 姜块放入甜醋内至八分满，以中火煲约1.5小时，熄火，整锅浸至第2天。
4. 把姜醋煲约30分钟，熄火，再浸至第2天，如是者重复2～3次。
5. 醋烧开后放入熟鸡蛋，煮5～10分钟，熄火，浸至入味。
6. 猪手或猪脚飞水10分钟，取出，用水冲洗干净，再用开水煲猪手或猪脚20分钟，盖好锅盖焗片刻，然后放入已煮开的姜醋内煲30～40分钟，熄火，浸至第2天即可。

TIPS

如不是即时享用或享用后还有剩余的猪脚姜，必须相隔4～5天翻煮一次，以防变质。

甜醋

甜醋能帮助溶解猪脚中的钙质，使人体易于吸收。甜醋的药材蕴含丰富的植物营养素，具抗氧化作用，能保护细胞免受有害游离基的侵袭。其糖分包含容易吸收的葡萄糖及果糖，有助补充体力。

认材为用

原 来 如 此

Q 为什么猪脚姜的猪手和猪脚宜用浸焗法处理？

A 有些人认为猪脚姜的猪手和猪脚不易煮稔，外皮很韧又不嫩滑。建议采用浸焗法处理，即先把猪手或猪脚飞水10~15分钟，让猪骨内的血水和杂质浮出，用冷水降温，放入已煮开的甜醋内煮20分钟，目的是令猪皮松身，再利用甜醋的甜酸物质软化皮层和手脚筋组织，并以甜醋的余温继续煮熟它们，这样质感便会变得细致嫩滑。倘若略嫌稔度不足，可重复浸焗1~2次。

专 业 指 导

色泽均匀
完整无缺
猪手/猪脚稔软
皮松肉软筋稔滑
清爽而不糊不破烂

鸡蛋色泽均匀
稔软而不硬实
完整无缺

无渣
姜色金黄
质感松化

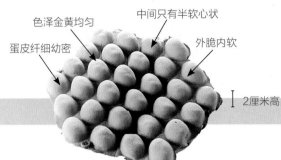

色泽金黄均匀 ← | 中间只有半软心状 |
蛋皮纤细幼密 ← | → 外脆内软

| 2厘米高

1.5厘米宽

鸡蛋仔

材料

面粉280克
泡打粉1/2茶匙
吉士粉2汤匙
生粉56克
鸡蛋4个
砂糖140克
淡奶4汤匙
清水280克
生油4汤匙

做法

1. 将粉料一同筛匀。
2. 鸡蛋和砂糖一同打至浓稠，加入淡奶搅匀，制成糖蛋糊。
3. 将已过筛的粉料与清水交替地分次加进糖蛋糊内，搅拌成浓稠面糊状，最后加入生油拌匀。
4. 将鸡蛋模两面烧热，注入面糊至八分满，将模夹紧摇匀，反转置炉上，底面以中慢火各烧2分钟，即可起模进食。

TIPS

1. 模具不经常使用，使用时先扫油于蛋模中，烧热，然后把多余油分倒出，方可注入面糊。
2. 面糊放置0.5~1小时再使用，效果才理想。

生粉

生粉来自木薯、马铃薯、绿豆等植物，是经研磨后的淀粉，具有高韧度的特质，可以作打芡、做水晶皮或与澄面粉配合使用。不同品牌的生粉，质感会有差异，建议应该抽取小分量进行测试，作为调节食谱分量的指标。因为它们的吸水力、质感和特性会有所差异，所以使用时应测试，避免把粉团弄得一团糟或是浪费物料。

认材为用

原 来 如 此

Q 为何鸡蛋仔模具的物料是生铁？

A 铁是一种化学元素，具光泽，颜色银白，属于具有良好可塑性和导热性的常用金属，其特质是硬而有延展性，更有很强的铁磁性，熔点为1535℃，沸点为3000℃。它经高温烧热，只要在模具扫点油，倒入蛋糊后烹制数次，热力足够均匀，便不会粘底。因为热力足而烘焙均匀，制品的颜色好看。它还可直接用明火烧，因为它属耐热耐烧的金属，只要洗净后涂点油，防止生锈便可。

专 业 指 导

鸡蛋糊注入模具后摇得不匀，或是模具烧不够热，故蛋浆未能完全沾满器皿。

火力不均，导致鸡蛋仔出现不同颜色。

鸡蛋仔的材料比例不合适，或是膨胀剂过多，令鸡蛋仔如蛋糕仔，不符合正宗味道。

鸡蛋仔的材料比例不合适，令质感变细致而像蛋糕，不符合正宗规格。

125

芝麻凤凰卷

色泽均匀，呈淡金黄色
蛋皮纤细幼密
甘香酥脆
黑芝麻分布均匀
卷折平均
3厘米宽
5厘米长

材料

面粉600克
泡打粉38克
吉士粉56克
椰浆94克
花奶1/4杯
砂糖525克
鸡蛋750克
香草粉14克
猪油375克
炒香黑芝麻19克

馅料
炒香芝麻38克
砂糖113克

做法

1. 将粉料一同筛匀。
2. 鸡蛋打在盘中，加砂糖同打至糖溶，呈浓稠状。
3. 将粉料分次加入蛋糖糊中，其间要不停搅打。
4. 将椰浆、花奶、香草粉加入面糊中打匀，最后加入猪油溶液拌透即成。
5. 所有馅料拌匀。
6. 将蛋卷铁板烧热，舀入1汤匙面糊，合上铁板约10秒，打开。
7. 放上适量馅料，卷折成小长方形枕包状即成。

TIPS

1. 香草粉可增香和使蛋卷酥松。
2. 面糊必须打透，因油分很重才会酥松。
3. 蛋糊放置0.5～1小时再使用，效果更理想，因泡打粉需要时间产生作用。

香草粉

香草粉是由干香草研磨而成的粉末香剂，与香油性质相同，分量可以1：1互相取代。它是天然的香味剂，广泛应用于制作甜品和糕饼、调配饮料。因为它是干燥制品，贮藏期长，还可与不同粉料混合使用，方便又实惠，简单易用。

认材为用

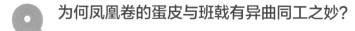

原来如此

Q 为何凤凰卷的蛋皮与班戟有异曲同工之妙？

A 凤凰卷的蛋皮与班戟的做法相若，只是材料不同。它们都需要一块能耐高温和耐热的铁板作传热工具，把一匙粉糊放上已烧热的铁板，拨成圆形，前者需要两板齐夹，利用压力压薄蛋皮，变熟后趁热造型，冷冻后转硬身，后者则只利用一热板烧熟班戟皮，柔软度足。

专业指导

卷折力度不均，两端宽度不同，上宽下窄。

卷折不均，层次不分明。

黑芝麻与蛋卷没有调匀，过于密集。

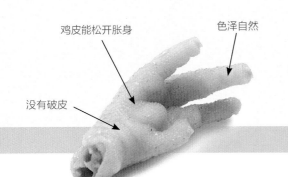

鸡皮能松开胀身

色泽自然

没有破皮

砂姜凤爪

材料

鸡脚1050克

白卤水
清水2400克
冰糖120克
盐120克
味粉60克
砂姜片8克
甘草片8克
草果8克
香叶8克

焯鸡脚水
清水240克
砂姜片8克
盐4克
味粉6克
砂糖4克

蘸汁
四季盐焗鸡粉、砂姜粉各1包
暖油3～4汤匙

做法

1. 鸡脚洗净，飞水，用文火煮15～20分钟，取出，过水后开边，用白开水冲一次。
2. 白卤水以大火煮滚，转中火熬30分钟，放入鸡脚浸2小时。
3. 焯鸡脚水煮开，放入鸡脚焯1～2分钟，盛起便可。
4. 蘸汁开匀，伴吃。

鸡脚

鸡脚为鸡的下肢，只有四爪，没有足蹼，外有黄色厚衣，脚掌肥厚，背部没有肉，皱皮，脚趾甲尖而勾，清洗时只要撕下黄衣便成。它含丰富脂肪和天然骨胶原，味道浓香，经烹煮后会被逼出胶质，汁液总觉黏黏的，冷冻后凝成啫喱状物质，适合做汤汁和水晶菜式。

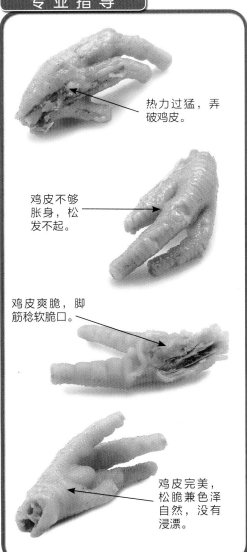

热力过猛，弄破鸡皮。

鸡皮不够胀身，松发不起。

鸡皮爽脆，脚筋稔软脆口。

鸡皮完美，松脆兼色泽自然，没有浸漂。

Q 以鸡脚制作皮冻的原理是什么？

A 鸡脚含胶原蛋白，那是由许多 α 氨基酸构成 α 螺旋肽链，三个 α 螺旋肽链缠绕，借助副键保持特定结构，成为韧度强的组织。长时间加热胶原蛋白，能破坏副肽链，导致肽链伸展开去，同时，部分肽链被水解，继而重新互相组合，联成三维网状空间结构，并在网眼交汇处组成无数空隙，水分通过氢键存在于网眼里，因而散落在胶原蛋白中的溶液能自动凝固成柔软、爽滑和具弹性的半透明固体，这就是皮冻。

129

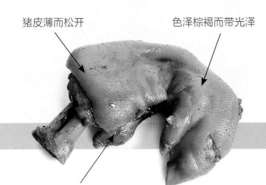

猪皮薄而松开　　　色泽棕褐而带光泽

肉稔而皮爽脆

卤水猪仔脚

材料

猪仔脚80只

卤水料
滚水1800克
冰糖181克
烧汁15克
老抽248克
味粉38克
蚝油120克
生抽60克
鲍鱼粉8克
鸡粉8克
玫瑰露酒1汤匙（后下）

做法

1. 猪仔脚洗净，开边，放入滚水中焯煮20分钟，取出过冷。

2. 把卤水料以大火煮开，熄火，浸焗约1小时或浸焗至出味。

3. 猪仔脚放入卤水中，以大火煮开，转中火煮10分钟，熄火，倒入玫瑰露酒，浸焗30分钟便成。

TIPS

1. 猪仔脚皮肉甚嫩，不宜过度烹煮，否则很容易弄破猪皮或骨头脱掉，样子不美观。

2. 猪仔脚应先用清水焯煮，再放入卤汁，否则猪仔脚不会被煮稔，因为卤汁含糖分兼汁液浓缩，使猪皮拉紧，再也不能煮至松开。

猪仔脚

猪仔脚取自3～4斤（1800～2400克）重的小乳猪，那些小猪只饮奶，没有吃杂食，味道鲜甜，肉质稔软，细致嫩滑，猪皮薄，没有太多脂肪，口感甚佳。由于肉质太嫩，不宜煮得过火，只需稍焯煮，令肉皮松开，质感已很好。

认材为用

原来如此

Q 为何猪仔脚要用冷水冲洗？

A 经用水长时间加热，猪皮的胶原蛋白里的物质被破坏，重新组合，变成胶体溶液，黏度很高。如果不用冷水完全冲走胶质，液体停留在表皮而凝固，浸于卤水里遇热变回液体，卤汁含胶大增，回渗于猪仔脚的表层皮，猪皮不爽脆，兼铺了一层黏膜，变得黏口而皮稔软，口感不佳。

专业指导

猪皮薄而脂肪少，肉质爽脆，但猪皮胀发不起，不够松身。

猪仔脚的肉皮松身，保持清爽脆口，没有破皮。

猪仔脚烹煮时间过久，骨头脱开。

猪仔脚的浸卤时间不足，表面未能上色。

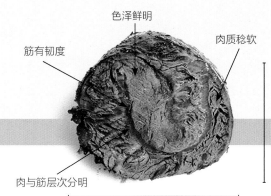

色泽鲜明

肉质稔软

筋有韧度

肉与筋层次分明

5厘米宽

5厘米长

卤水牛展

材料

牛展1200克

卤水
清水3600克
美极鲜露115克
八珍甜醋115克
生抽150克
味粉95克
鸡粉95克
盐75克
绍酒40克（后下）
玫瑰露酒40克（后下）
汾酒57克（后下）

做法

1. 牛展洗净，飞水，放入滚水中煲1小时，原煲熄火浸焗1小时或浸焗至稔身。

2. 卤水料（除酒外）以大火煲滚，转中火熬30分钟。

3. 加入牛展煮30分钟，放入酒料，继续煮5分钟，熄火，浸3小时便可。

4. 待凉后，切成薄片上桌即可。

TIPS

牛展，这是香港地区的通俗写法，指牛腱。

牛展

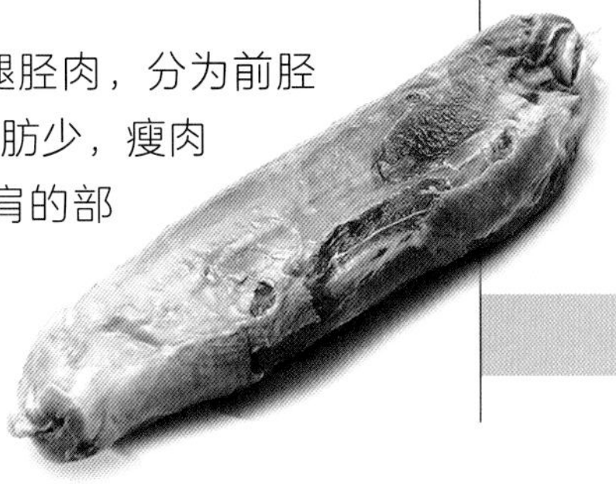

牛运动量最大的肌肉，就是腿肉，牛展属腿胫肉，分为前胫
肉、后胫肉，外包一层薄膜，呈长条状，脂肪少，瘦肉
多，在肌肉里含有许多筋。前胫肉连接牛肩的部
位，筋多而肉色深；后胫肉连接于脚，筋多，
脂肪少，一般会连同骨头一起使用。烹煮后
肌肉收缩成球，待焖煮至稔软时，肉味浓
郁，纹理匀称。

认材为用

原 来 如 此

Q 为什么卤水料要加酒？

A 烹调食物，要做到提味效果，应该待锅里达高温的时候加入酒。酒会在高温下发生
许多化学反应，在这种情况下，酒具有令物料添色、增香、除腥膻、解肥腻的作
用，因为食材里的腥味会随着沸腾的蒸汽上升，跟着酒精挥发而逐渐去掉。

专 业 指 导

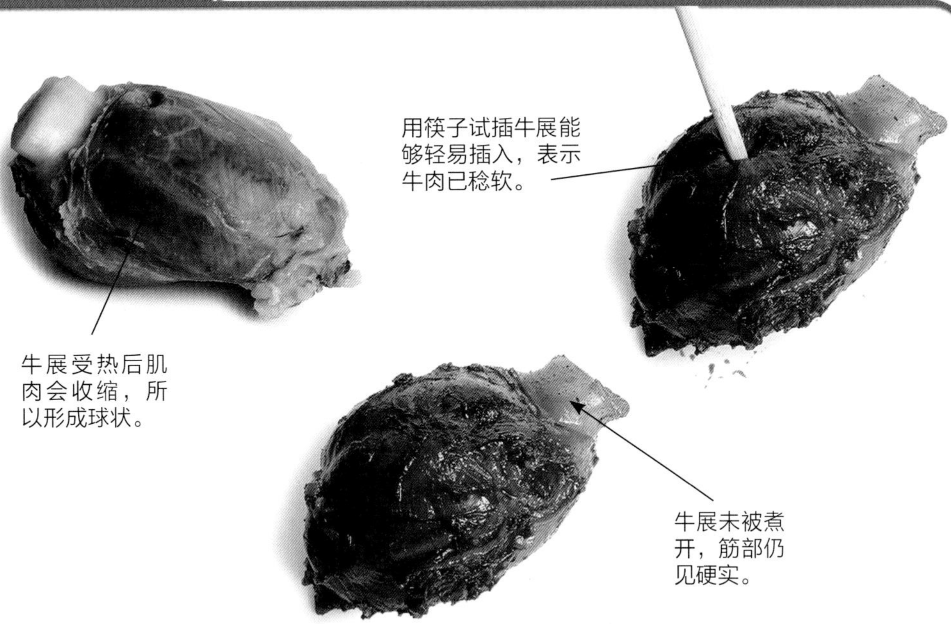

用筷子试插牛展能
够轻易插入，表示
牛肉已稔软。

牛展受热后肌
肉会收缩，所
以形成球状。

牛展未被煮
开，筋部仍
见硬实。

肉质仍结实而富弹性

浑圆饱满

表面光滑

咖喱色泽金黄

直径2.5厘米

劲辣咖喱鱼蛋

材料

鱼蛋10个

劲辣咖喱汁
蒜蓉150克
牛油225克
油咖喱1200克
沙茶酱380克
豆瓣酱225克

调味料
辣椒油212克
豉油150克
蚝油150克
鸡粉212克
砂糖680克
味粉75克
花奶、椰汁各530克
清水1800克
生粉225克
食用柠檬黄色素水15克

做法

1. 清水300克与生粉调开成粉浆。
2. 先用牛油把蒜蓉炸至金黄色，再下沙茶酱、油咖喱和豆瓣酱爆香，最后下调味料和清水1500克煮开。
3. 加入花奶和椰汁拌匀，下食用色素，再把生粉浆撞入酱中搅熟，放凉备用。
4. 按需要先蒸热咖喱酱，再放入鱼蛋烧煮至全热即成。

TIPS

1. 鱼蛋不要不断翻滚，否则会令鱼蛋过分胀大，失去口感。
2. 豉油，是粤语对酱油的叫法。

鱼蛋

鱼蛋属鱼浆类产品，可以随意选用不同鱼类搅碎。

原来如此

Q 怎样保持鱼蛋的弹力？

A 鱼肉含大量水分，剁碎后会破坏部分纤维，使蛋白质尽量释出水分，继而从组织纤维散落于水中，当中的肌球蛋白质可与水形成稳定的胶体溶液。事实上，蛋白质处于凝胶体状态时，可吸收大量水分，故需一边加入清水、另一边搅拌来混入大量空气，这样才能保持鱼蛋的较强弹性。

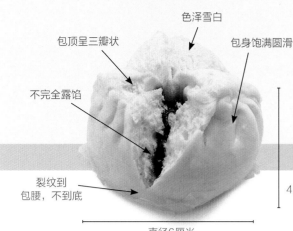

色泽雪白

包顶呈三瓣状

包身饱满圆滑

不完全露馅

裂纹到
包腰，不到底

4厘米高

直径6厘米

叉烧包

材料

面团（糖皮）
稀面种1200克
砂糖454克
面粉454克
蛋白1个
猪油23克
碱水5克
泡打粉26克
清水30克
澄面45克

包芡汁
清水1800克
砂糖600克
生抽300克
老抽120克
麻油23克
蚝油120克
生粉120克
粟粉120克
味粉23克
生油220克
干葱30克
生葱尾30克
生姜片30克
红洋葱30克
食用橙红色素水少许（调色）
盐15克

馅料
叉烧600克
叉烧包芡汁870克
葱油60克

做法

面团

1. 将稀面种、砂糖、蛋白、碱水和猪油一同放入搅拌机，先用慢速搅拌至材料混合，再改用中速搅打至砂糖溶化为止。

2. 面粉和泡打粉一起倒入稀面种混合物中，用慢速搅打混合，加入清水搅至面团的干湿度适中，不软不硬。

包芡汁

1. 用38克生油炸香干葱、葱尾、洋葱及姜片，炸至深黄色，去渣留油，下清水600克、砂糖、生抽、老抽、蚝油、麻油、胡椒粉一同煮开，再改用慢火继续烧煮。

2. 用清水300克调匀生粉及粟粉，慢慢加入锅中，用汤勺拌匀才生火，用力搅成粉糊，以起筋（即带有张力）为准，再加入其余生油拌匀。

馅料

把叉烧切成指甲片大小，再拌入叉烧包芡汁和葱油便成。

组合

取出1200克面团，出体32粒，再用小酥棍开成小圆面皮，用竹馅挑（一种点心工具）挑入叉烧馅30克，执成菊花形圆顶，然后放入蒸笼用猛火蒸7分钟便成。

TIPS

1. 酵母老酵的材料和制法：面粉1200克、酵母17克、砂糖34克、清水680克。将以上材料搓匀，置温度30~40℃的环境中，恒身20~25分钟。

2. 稀面种的材料和制法：酵母老酵1800克、面粉300克、泡打粉38克、猪油57克、澄面450克、砂糖450克、清水75克。把所有材料搓匀，发酵1小时。

包

类

半肥瘦猪肉

半肥瘦猪肉在猪的任何部位皆有，脂肪与瘦猪肉分层清晰，一般肥瘦比例为3：7，肉质稔软，适合搅碎、煲、焖煮。近年来，人们应健康的需求，改变饲料，使养出来的猪以肥肉少瘦肉多为主，肥瘦比例变为2：8或1：9，所以就算是半肥瘦，都已经不是真的很肥腻。值得一提的是，不同位置的肉，肉质的稔软程度也有所不同。

认材为用

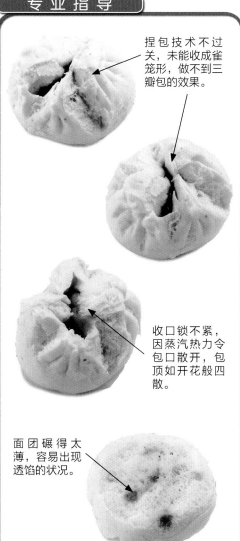

专业指导

捏包技术不过关，未能收成雀笼形，做不到三瓣包的效果。

收口锁不紧，因蒸汽热力令包口散开，包顶如开花般四散。

面团碾得太薄，容易出现透馅的状况。

原来如此

Q 叉烧包芡汁为何会流动?

A 芡汁是叉烧包的灵魂，芡汁浓稀度适中，流动中仍能包裹馅料，所以叉烧与芡汁的比例乃是成功与否的关键。芡汁要做到有流动质感，必须有耐性熬煮。时间太快，包汁容易化水，不够浓缩；时间太久，容易变糊和结实，状如膏。此外，推汁时要不停推动并顺时针搅拌，避免粘底，因为芡汁含有大量淀粉，容易沉淀，若不搅拌，便会在不断加热的情况下变焦，弄坏芡汁。

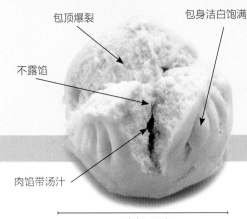

包顶爆裂　　　　　　　　　　包身洁白饱满

不露馅

肉馅带汤汁　　　　　　　　　　3厘米高

直径4厘米

鸡包仔

材料

面团
稀面种1200克（参阅"叉烧包"，第136页）
砂糖454克
面粉454克
蛋白45克
猪油23克
碱水5克
臭粉8克
泡打粉26克
清水30克
澄面45克

馅料
鲜鸡腿肉720克
猪腿瘦肉225克
叉烧片115克
熟冬菇57克
鸡肝57克

调味料
细姜粒10克
大菜粒57克
芫荽碎30克
盐15克
味粉23克
砂糖40克
胡椒粉1克
麻油15克
生粉30克
生抽15克
生油45克

包芡汁
栗粉26克
温水19～23克
大滚水38克

做 法

面团

1. 将稀面种、砂糖、蛋白、碱水和猪油一同放入搅拌机，先用慢速搅拌至材料混合，再改用中速搅打至砂糖溶化为止。
2. 面粉和泡打粉一起倒入稀面种混合物内，用慢速搅打混合，加入清水搅至面团的干湿度适中，不软不硬。

馅料

1. 先把包芡汁的栗粉用温水调匀，再冲入大滚水搅至糊状。
2. 先将鸡肉和瘦猪肉放入搅拌机内，再下盐和生粉以中速搅打5分钟，至有韧劲为止。
3. 加入叉烧、冬菇、鸡肝、姜粒和大菜粒，用慢速搅打3分钟，再加入其他材料和包芡汁拌匀。

组合

取出1200克面团，出体64粒，用小酥棍开成小圆面皮，再用竹馅挑挑馅料15克，用手执成菊花形圆顶，放入蒸笼用猛火蒸7分钟便成。

鸡肉

鸡一般分为黄油鸡和白油鸡，两者的营
养成分差不多。黄油鸡含脂肪成分比较多，肉
质肥美兼软滑，鸡肉带黄色，不会完全洁白。白
油鸡比较纤瘦，体型略小，肉质偶尔会有点硬。值得
一提的是，走地鸡与关在笼中饲养的鸡相比，肉质结实且具弹性，不
太适合做点心馅料。

认材为用

专业指导

面团含臭粉，所以
包顶会有爆裂效
果，但破口不受控
制，容易露馅。

包身随热气下降，表面会
干硬，因包身的水分被蒸
发，只要翻蒸包子，让蒸
汽重回包子，补充水分，
就会回复状态。

蒸包时间操控得
宜，包底呈圆形，
包身没有散开，能
保持包形。

原来如此

Q 为什么中式包子爱用猪油而不用牛油？

A 一般传统的中式包子总爱用猪油作
油脂，因为猪油价钱比较便宜，容
易获取和贮藏，加上它的特质可改
善包子的质感，可塑性甚高，特别
是处于半凝固状况的油脂。猪油属
于含液体特性的固体油脂，经揉搓
产生热力，令固体油脂转化为液体
状态，随意在面团内展开，于是以
极细小的晶体分散于液体油中，自
由流动于不坚硬的固体网络中，令
面团变得绵软。

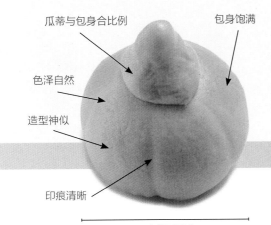

瓜蒂与包身合比例

包身饱满

色泽自然

造型神似

印痕清晰

4厘米高

直径5厘米

南瓜包

材料

面团

稀面种1200克（参阅"叉烧包"，第136页）

砂糖454克

面粉454克

蛋白1个

猪油23克

碱水5克

臭粉8克

泡打粉23克

南瓜蓉150克

可可粉19克

馅料

砂糖240克

粟粉90克

奶粉、吉士粉各45克

鱼胶粉8克

鸡蛋2.5个

炼奶170克

香草粉1克

牛油136克

清水480克

椰汁170克

食用橙红色素水3克

食用柠檬黄色素水8克

做法

面团

1. 将稀面种、砂糖、蛋白、碱水和猪油一同放入搅拌机，先用慢速搅拌至材料混合，再改用中速搅打至砂糖溶化为止。然后加入南瓜蓉搅匀。

2. 面粉和泡打粉一起倒入稀面种混合物内，用慢速搅打混合，加入清水搅至面团的干湿度适中，不软不硬。

3. 取出75克面团，加入可可粉19克搓匀，当作瓜蒂。

馅料

1. 将砂糖、鱼胶粉、粟粉、吉士粉、香草粉、鸡蛋、炼奶、椰汁搓匀备用。

2. 将清水、食用色素水、牛油一同煮开，撞入椰浆粉水中，变成半熟的糊浆，转放入方形盆中，以大火蒸熟透为准。

3. 用保鲜纸封好，放凉，然后用搅拌机以快速搅打至幼滑，备用。

组合

取出1200克面团，出体60粒，每粒重20克，用小酥棍开成小圆面皮，包入馅料19克，捏成南瓜形，收口压底，插上瓜蒂，恒身30分钟，入蒸笼用猛火蒸3分钟，取出压纹，回炉蒸4分钟便成。

TIPS

包身蒸片刻才取出压纹，纹痕清晰。如果在生面团造型时已经压纹，恒身后的面团会膨胀，包上的纹痕因而变得模糊不清。

南瓜

南瓜品种很多，产地有泰国、日本、中国等，质感各有千秋。日本南瓜质感糯软，色泽艳丽，甜度适中，外形圆扁，个子小，适合做点心的馅料和外皮。中国产的南瓜，水分比较多，甜度颇高，适合煲汤、烹煮，可惜煮熟后颜色会脱落，不够明艳。泰国产的南瓜，味道清香，甜度一般，色泽清淡，炖煮或煮汤皆宜。南瓜含有粗纤维，蒸熟制蓉，要隔去纤维才能与面团混合搓匀。

认材为用

专业指导

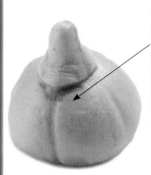

南瓜蒂与包身分离，馅料在包身泻出。这是因为捏包时收口不均，涂蛋白液时没有妥善插上包蒂，造成包蒂与包身分离。

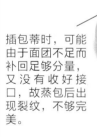

插包蒂时，可能由于面团不足而补回足够分量，又没有收好接口，故蒸包后出现裂纹，不够完美。

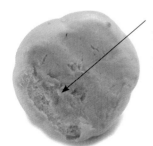

包底和包身合比例，能清晰见到圆形包底，包身没有散开，不会有肥肿不分的弊病。

原来如此

Q 为何包子有细腻质感？

A 油脂具充气作用，当它与面粉混合或作高速搅动时，油脂会分散变成细小颗粒，同时会包入许多空气，使面团的体积变大，经加热后令空气受热膨胀，包子变得松软。不过，为避免包子的空隙太多，一般会在做包子前用搅面机逼出空气，使面团的网络叠压在一起，空隙变小，所以包子仍能因热力而令空气膨胀，变得松软，但是质感细致，没有很多的空气泡存在。

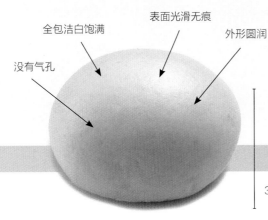

没有气孔

全包洁白饱满

表面光滑无痕

外形圆润

3.5厘米高

直径5厘米

莲蓉包

材料

面团
稀面种1200克（参阅"叉烧包"，第136页）
砂糖454克
面粉454克
蛋白1个
猪油23克
碱水5克
臭粉8克
泡打粉23克
清水30克

馅料
白莲蓉1050克
熟咸蛋黄4个
冰肉粒120克
生油60克

做法

面团

1. 将稀面种、砂糖、蛋白、碱水和猪油一同放入搅拌机，先用慢速搅拌至材料混合，再改用中速搅打至砂糖溶化为止。
2. 面粉和泡打粉一起倒入稀面种混合物内，用慢速搅打混合，加入清水搅至面团的干湿度适中，不软不硬。

馅料

1. 咸蛋黄一分为八。
2. 将白莲蓉加入冰肉粒和生油拌匀，包入1粒咸蛋黄。

组合

取出1200克面团，出体64粒，每粒重约19克，用小酥棍开成小圆面皮，包入馅料，揉圆，收口压底，恒身30分钟，入蒸笼用猛火蒸3分钟，揭盖疏气，继续以中火蒸4分钟便成。

莲子

莲子是莲的种子，待花朵凋谢，结子于莲蓬中。它的外皮是棕红色的，没脱皮的称赤莲（红莲）；磨去外皮，呈淡黄色，称为白莲。莲子中间藏有一条绿色的芯，它味道苦涩，必须去除，否则会令食物变苦。用白莲制成的馅料，称为"白莲蓉"，由于缺了外皮，味道清淡；用有皮莲子炒出的莲子蓉，味道浓郁，色泽金黄，即"黄莲蓉"。炒莲蓉时使用铜镬处理，莲蓉才会金黄而不变黑。

专业指导

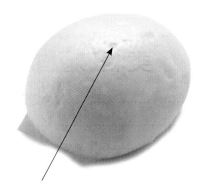

包子表面呈气孔状，不够光滑。这是因为没有把面团内的空气完全排出所致。包子恒身后，空气会浮到包子表面，出现凹凸不平的状况。

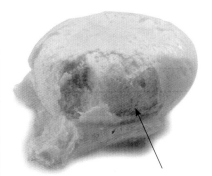

正宗的莲蓉包，可以被一层层地剥下。面团内的猪油脂会往下渗进包子的面团，并夹杂在面团的空隙中，制造出层层空间，这样包子便可被逐层撕开，口感特别松化。

原来如此

Q 为何酥皮莲蓉包会有层次？

A 莲蓉包有层次感，这与面团包入的油芯有直接关系。折叠面团时会包入油芯，再卷叠造成空间层次。其制作方法是用40克面团包入猪油酥芯4克，再用酥棍开成长形，用手回卷成圆筒形，再折成粒形（行内称为"开小酥"）。包馅，揉成圆形，上蒸笼后恒身30分钟，以大火蒸1分钟，疏笼盖（即揭盖疏气），再蒸2分钟，再疏笼盖，再蒸3分钟便成。

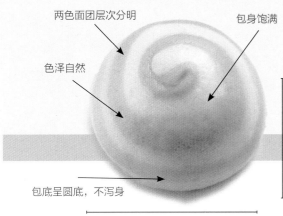

两色面团层次分明

色泽自然

包身饱满

3厘米高

包底呈圆底，不泻身

直径5厘米

香芋包

材料

面团
面粉600克
生粉75克
泡打粉6克
纸包奶263克
砂糖75克
酵母6克
猪板油19克
食用咖啡色素8克

馅料
芋蓉300克
椰汁57克
粟粉13克
砂糖75克
牛油40克
芋头香油少许（后下）

做法

面团

1. 将所有材料放入搅拌机内搅打至滑身。
2. 取出150克白面团，加入食用咖啡色素搓匀，变成咖啡色面团。
3. 把双色面团分别用碾面机碾薄，变成20厘米×20厘米的方形面团，用湿布分别抹面团，重叠在一起，卷成圆筒形。

馅料

把所有材料（除香油外）放入搅拌机内打滑，加入芋头香油拌匀，放入冰箱中冷藏至挺身。

组合

取出双色面团，切成每件重19克，四周碾薄，中间厚，包入馅料15克，搓成圆形，封口放底，恒身30分钟，放入蒸笼用猛火蒸3分钟，取出包子待凉1分钟，回炉蒸2分钟便成。

TIPS

每600克大滚水与10克食用色素调配，作为标准。

芋头

秋风初起，就是芋头上市的时候，以广西荔浦产的香芋最佳，只是在秋季才是最佳食用时间。芋头区分为荔浦芋头、炭步芋头、槟榔芋头等，尤以质优的荔浦芋头最好，因为它的颜色粉白中带紫，质感柔软，放在手上掂量时不坠手，所以时至今日仍名列首位。昔日，在缺乏芋头的季节，点心师会用不同的豆类或其他食材模拟芋头的质感。

双色面团碾压不均，面团分体后，包馅料时不是置中，然后在捏包时用力不均，形成一边厚、另一边薄，使馅料露出包身。

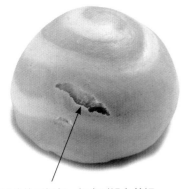

面团分体后捏包，恒身时没有盖好包身，使表面风干了，水分流失，包子受热后，包子表面就会破裂。另一种可能让包子破裂的原因，就是蒸汽过猛，挤破包身。

认材为用

专业指导

原来如此

Q 为什么要用热水蒸包子？

A 圆顶包子经恒身后，表面形成一层薄膜。所以用热水下锅蒸包子，生冷的包子表面突然遇到热气，发生糊化作用，变得黏结，可阻隔水蒸气直渗内部，传导到包心的热量较少，包子内部淀粉糊化不彻底，所以馅料仍能保持原状，又可以令包子表层膨胀绵软。

145

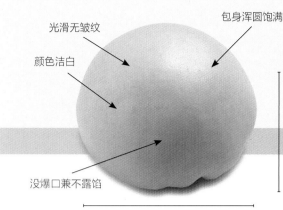

光滑无皱纹

颜色洁白

包身浑圆饱满

没爆口兼不露馅

4厘米高

直径5厘米

奶黄包

材料

面团

稀面种1200克（参阅"叉烧
　包"，第136页）

砂糖454克

面粉454克

蛋白1个

猪油23克

碱水5克

臭粉8克

泡打粉23克

清水30克

馅料

砂糖240克

粟粉90克

奶粉45克

吉士粉45克

鱼胶粉8克

鸡蛋2.5个

炼奶170克

香草粉1克

牛油135克

清水480克

椰汁170克

食用柠檬黄色素水3克

做法

面团

1. 将稀面种、砂糖、蛋白、碱水和猪油一同放入搅拌机，先用
   慢速搅拌至材料混合，再改用中速搅打至砂糖溶化为止。

2. 面粉和泡打粉一起倒入稀面种混合物内，用慢速搅打混合，
   加入清水搅至面团的干湿度适中，不软不硬。

馅料

1. 将砂糖、鱼胶粉、粟粉、吉士粉、香草粉、鸡蛋、炼奶、椰
   汁搓匀备用。

2. 将清水、食用色素水、牛油一同煮开，撞入椰浆粉水中，变
   成半熟的糊浆，转放入方形盆中，以大火蒸熟透为准。

3. 用保鲜纸封好，放凉，然后用搅拌机以快速搅打至幼滑，备
   用。

组合

取出1200克面团，出体60粒，每粒重约20克，用小酥棍开成小圆
面皮，再包入奶黄馅20克，搓成圆形，封口放底，恒身30分钟，
面点黄水1滴，放入蒸笼后用猛火蒸7分钟便成。

牛油

牛油属牛奶的加工制品，分有机牛油和普通牛油两大类，尤以法国出产的品质最好，至于澳大利亚和新西兰的牛油，品质也不错。优质牛油质感柔软幼滑，成分天然，味道很香，杂质很少，搅

动后会有点韧度。烘烤后会产生很强的香味，充满全屋。人造牛油不是真正的牛油，但是它的质感与真牛油相似，味道不浓，黏度和韧度也比真牛油略逊。

认材为用

原来如此

Q 为何馅料必须提前一夜弄好？

A 一般馅料适宜弄妥后放冰箱冷冻凝固，不能立即捏包。这是由于新鲜做出来的馅料仍有热气，而且汁液处于流动状态，过湿的馅料会弄湿面团并发生糊化，不能收紧封口，于是包子会散开或出现露馅的危险。相反，馅料经冷冻后会变得坚硬，表面干爽，便于捏包和造型。

专业指导

包子露馅，这是由于捏包的手门（手艺）做得不好，收口时过于马虎所致。

馅料虽然没有露出，但是已透出包子，这与面团和馅料比例不合或是捏包时的手工欠佳有关。

包子的表面不光滑，出现许多小气泡，包身松弛而欠弹性，这与搓包时没有完全排出空气且包子恒身过久有关。

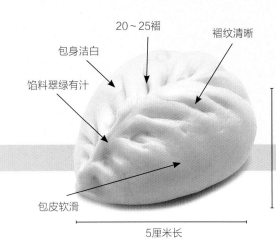

20～25褶

包身洁白

褶纹清晰

馅料翠绿有汁

素菜包

3厘米宽

包皮软滑

5厘米长

材料

面团（馒头皮）
面粉1200克
酵母4克
泡打粉8克
砂糖113克
纸包奶225～263克
猪油19克

馅料
脱水小棠菜粒900克
冬菇粒300克
湿云耳粒300克
湿粉丝150克
甘笋粒150克

调味料
味粉23克
盐15克
砂糖38克
猪大油（即猪膏）113克
白芡380克
胡椒粉6克
麻油19克

做法

面团

将面团材料同放入搅拌机中，以慢速搅打至滑身，至少搅打25分钟，取出恒身，待发起后转放搅拌机中打10分钟，便可出体做包。

馅料

把冬菇粒和云耳粒泡油，取出盛起。甘笋粒用蒜油爆香，加入其他材料拌匀便成。

组合

1. 取出1200克面团搓至滑身，出体25粒，每粒重23克，碾成直径5厘米的圆面皮，包入15克馅料，执成叉烧包形。
2. 放入蒸笼恒身约1小时，待差不多发起时，用猛火蒸约7分钟便成。

TIPS

1. 一笼以3个包计算，全包每个重39克，包皮重24克，馅料重15克。
2. 一笼以2个包计算，全包每个重45克，包皮重26克，馅料重19克。

冬菇

冬菇种类很多，味道鲜美，用途广泛。主要产于日本和中国。日本品种的冬菇，味道清香，表面爆花，肉厚而爽口，菇蒂粗壮，适合焖、煮、煲和清炖。中国冬菇味道清淡，色泽黑而爆花少，肉薄而幼滑，菇蒂比日本冬菇略细，适合炒、焖和做馅料。

认材为用

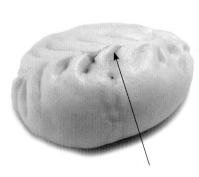

专业指导

褶纹粗疏，包形肥肿，包尖不明显，缺乏形态。

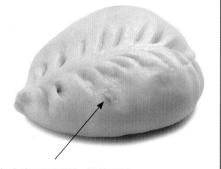

包身表面不平滑，褶纹不明显和不平均，捏包手工做不好，或是面团和馅料比例不合，造成凹凸不平。包形明显完整，全包干爽，没有被蒸笼水弄湿。

原来如此

Q 为什么蒸包要用竹蒸笼而不宜用不锈钢蒸笼？

A 竹蒸笼在设计上，它的盖用竹编织而成，平坦，两边微斜，蒸笼四周则用原块竹片做环，底部以竹片稀疏排列，能让大量水蒸气透过笼底直逼包子，热气困于笼中。由于内部温度高而外围四周温度略低，存在温差的水蒸气由液体转化为水滴，部分水分被竹吸收，其余水分则沿斜边滑下，不会弄湿包身或包底。相反，不锈钢的蒸笼，笼内和笼外的温差很大，而水蒸气变为水滴时又会困在笼内，水滴下弄湿包子的危险很大。

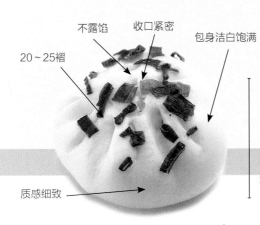

不露馅
收口紧密
20～25褶
包身洁白饱满
3.5厘米高
质感细致
直径约4厘米

菜肉包

材料

面团
面粉600克
酵母4克
泡打粉4克
砂糖75克
纸包奶225～263克
猪油10克

馅料
剪尾虾肉150克
肥肉粒90克
瘦肉粒180克
湿冬菇粒38克
脱水小棠菜碎375克

调味料
盐8克
味粉13克
砂糖19克
猪大油15克
麻油15克
胡椒粉0.8克
生粉11克
大地鱼粉末4克
冰粒38克
泡打粉4克

做法

面团

将面团材料同放入搅拌机中，以慢速搅打至滑身，至少搅打25分钟，取出恒身，取出醒发，待发起后转放搅拌机中打10分钟，便可出体做包。

馅料

将瘦肉和肥肉粒放入搅拌机内，用慢速搅打1～2分钟，下盐和生粉搅至起大胶，再下冰粒搅打至完全混入猪肉内，再加入虾肉及冬菇搅打至起胶，然后加入其他材料打匀，最后加入小棠菜碎便成。

组合

1. 取出1200克面团搓至滑身，出体50粒，每粒重19克，碾成直径2厘米的圆面皮，包入15克馅料，执成叉烧包形。
2. 放入蒸笼恒身约1小时，待差不多发起时，用猛火蒸约7分钟便成。

小棠菜

别名上海白菜或青江菜。菜形上阔下窄，中间略细，全棵通绿，菜味浓郁，质感幼滑，水分少，纤维多。小棠菜颇适合制作菜肉馅，与肉馅拌匀后不会不断"出水"，使馅料出现泻水现象，变成水汪汪的状况，所以北方点心很爱以之作为配菜。

认材为用

包纹折叠粗糙，收口也略显粗糙，包形不完整。

包纹痕不清晰，这与包子恒身时间操控不当有直接关系，过度发酵会令包形有点肥肿，泻身，包形不够完美。

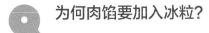

Q 为何肉馅要加入冰粒？

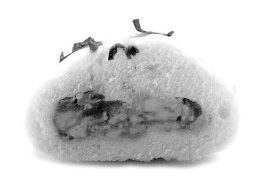

A 肉馅放入搅拌机内搅拌时，因机器在运转时产生热力，所以肉馅温度不断升高，使肉馅有机会变质、变坏，做不出理想的效果。为防止这种情况出现，一般会在馅料内加入冰粒，温度上升后，冰粒融化，变成冰水，能发挥降低肉馅温度的作用，保持稳定温度，可使肉质不易变质。

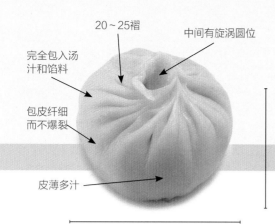

20~25褶

中间有旋涡圆位

完全包入汤
汁和馅料

包皮纤细
而不爆裂

皮薄多汁

2厘米高

直径3厘米

小笼包

材料

面团
中筋面粉（即面包粉）300克
面粉300克
盐2克
冰水300~338克

鸡脚冻
速冻鸡脚冻600克
清水1500克
姜片30克
葱45克
瘦肉300克
金华火腿15克
鸡粉15克
鱼胶粉52克（后下）

馅料
腩肉600克
瘦肉600克

调味料
味粉38克
姜38克
生抽8克
盐15克
京葱38克
砂糖30克
麻油30克
鸡脚冻600克

做法

面团
将面团材料放入搅拌机内打至均匀幼滑，再用压面机压至幼滑。

鸡脚冻
1. 把肉类材料飞水，过冷水洗净。
2. 把所有材料同置锅中，需时约1小时，取出姜、葱，然后把火腿和鸡脚弄碎，回锅与原汁液同煲30分钟，应该剩余约900克的汁液，下调味料拌匀，放凉后置冰箱中冷冻凝固。

馅料
1. 将瘦肉、腩肉、姜和京葱分别放入搅拌机内，搅成大小适中的碎肉。
2. 瘦肉、生抽与盐放入搅拌机内，以快速搅打至幼滑起筋，需时约15分钟，再放入腩肉、姜和京葱继续搅打5分钟，加入鸡脚冻和剩余调味料拌匀。

组合
把面团出体，每粒重8~9克，碾薄成直径5厘米的圆面皮，包入馅料30克，全个重38克，捏包，放在蒸笼中以大火蒸8~10分钟。

TIPS

小笼包做馅时，以600克肉馅加京葱75克，再加入油和蒜各38克，可令肉馅味道鲜美，质感幼滑，汤汁浓郁丰富。

鸡脚

点心的馅料含有鸡脚冻，所以在品尝肉馅时能感觉到肉汁丰富且味道浓郁。鸡脚是汤冻的主要功臣。采用黄油鸡脚，肉厚，味道浓郁，熬汤后会呈现金黄油层，色泽艳丽；而采用白油鸡脚，味道清淡。两者均能熬出胶质，任取哪种均可。若没有新鲜鸡脚，也可以用冰鲜品或冷冻品，品质也不错。

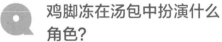

专业指导

捏包手工粗糙，褶纹粗疏，做不到圆形旋位，收口不紧密。

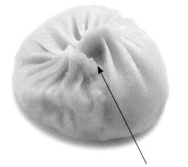

包子凹凸不平，包顶收口急速，未能做到完美收口。

原来如此

Q 鸡脚冻在汤包中扮演什么角色？

A 吃点心时，发现肉馅的汤汁特别多且味道浓郁，甚至可以用饮管啜饮，大饱口福之余，十分痛快，这就是鸡脚冻的神奇效用。在低温下，它是以固体状态存于肉馅中的，当固体汤汁受热转为液化状况时，加上肉馅变熟，释出肉汁，彼此水乳交融，汤汁被锁在汤包，便有满满汤汁的效果。

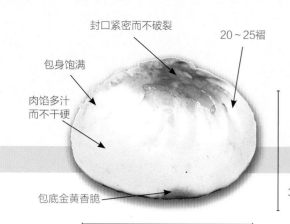

封口紧密而不破裂

20～25褶

包身饱满

肉馅多汁
而不干硬

生煎包

包底金黄香脆

3厘米高

直径4厘米

材料

面团（馒头皮）
面粉600克
酵母4克
泡打粉8克
砂糖75克
猪油11克
清水263～300克

馅料
剪尾虾肉300克
肥肉粒90克
瘦肉粒180克
湿冬菇粒40克

调味料
盐8克
味粉13克
砂糖19克
猪大油15克
麻油15克
胡椒粉0.8克
生粉11克
姜米4克
冰粒38克
泡打粉4克

做法

面团

将面团材料同放入搅拌机中，以慢速搅打至滑身，至少搅打25分钟，取出恒身，待发起后再转放搅拌机中打10分钟，便可出体做包。

馅料

瘦肉粒和肥肉粒放入搅拌机内，用慢速搅拌1～2分钟，下盐和生粉搅至起大胶，再下冰粒搅打至完全混入猪肉内，再加入虾肉及冬菇搅打至起胶，然后加入其他材料打匀便成。

组合

1. 取出面团搓至滑身，出体25粒，每粒重19克，碾成直径2厘米的圆面皮，包入15克馅料，执成叉烧包形。
2. 放入蒸笼恒身约1小时，待差不多发起时，用猛火蒸约7分钟。
3. 烧热锅下2～3汤匙油，放入包子，以大火煎1分钟，洒入清水（深度达到包身的小半腰），盖锅盖，改中火煎至清水蒸发，待包子熟透而底部变金黄即可。

肥猪肉

优质肥猪肉以猪肩下方，沿背骨两旁，即猪扒上的肥肉品质最好，质感爽脆甘香，油脂高却不腻口。人们爱吃的猪油渣，便是它经煎油后的副产品，入口松脆没渣。次选的肥猪肉，可取猪板油（即猪膏），它处于猪腩两旁，属全脂肪而没渣的部分，只有一片薄膜包裹，经煎油后便融化，转变成液体状。

认材为用

原来如此

Q 生煎包真的可以生煎吗？

A 包子是可以生煎和熟煎的。生煎法可以先把平底镬烧热，下油后放包子，煎1～2分钟，待定型，倒下冷水加热，使包子均匀受热，松软可口。当水温慢慢升高时，包子里的气体开始膨胀，继续升温时，面筋网络失去弹性，再继续加热，面筋网络中的淀粉充分吸水膨胀而糊化，待水蒸发，镬底变得高温，该温度适合烘香包底，使包底变成金黄及脆口。熟煎的包子没有生煎包子那样原汁原味。

专业指导

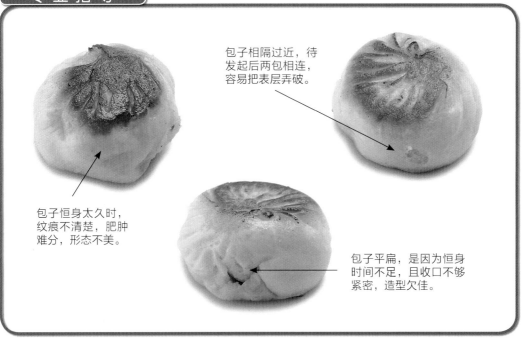

包子相隔过近，待发起后两包相连，容易把表层弄破。

包子恒身太久时，纹痕不清楚，肥肿难分，形态不美。

包子平扁，是因为恒身时间不足，且收口不够紧密，造型欠佳。

155

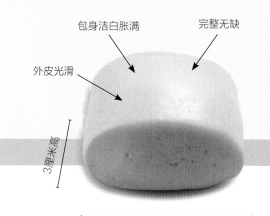

外皮光滑

包身洁白胀满

完整无缺

3厘米高

4厘米宽

6厘米长

椰汁馒头

材料

面粉600克
椰汁200克
泡打粉6克
砂糖170克
酵母6克
清水75~113克

做法

1. 将材料放入搅拌机中，以慢速搅打至滑身，至少搅打25分钟，取出恒身，待发起后转放搅拌机中搅打10分钟。
2. 面团用碾面机压出空气，卷成长条状。
3. 用刀切成重约38克的小块，放入蒸笼内恒身，用大火蒸5分钟即可。

椰汁

由椰子去壳去皮，净取白肉，生磨而成的奶白汁液，又称为椰奶，味道浓香幼滑，含有椰油成分，当静止不动时，椰水和白汁会沉淀分层，只要用汤勺拌匀，便可以完全混合。新鲜的椰汁不能久贮，必须冷藏，否则容易变坏。为了方便使用，点心师会用罐装椰汁，它品质稳定，效果不错，但是不要用椰粉开水，它虽然效果相若，但味道则太人工化，难于控制。

认材为用

专业指导

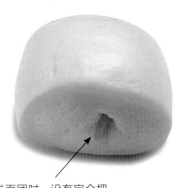

卷面团时，没有完全把空气排出，所以中间出现大气孔。

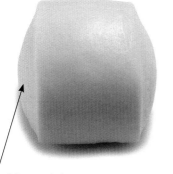

馒头的两边切口，经恒身后受热而向两边膨胀，而切口则被固定而没有向外横泻。

原来如此

Q 为何馒头有时会变黄，不够洁白？

A 馒头的材料包含椰汁和猪油，目的是让面团变得洁白松软，不过，如果酸碱度失去平衡，泡打粉多加了一点，馒头会有机会变黄，不够洁白，甚至会带有苦涩味道，前功尽弃。所以加入泡打粉时，必须先与面粉混合筛匀，分量不能过多，还要避免面团发酵过久，令面团酸碱度失衡，影响制品的效果。

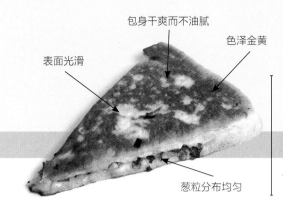

表面光滑

包身干爽而不油腻

色泽金黄

京式葱油饼

1厘米高

葱粒分布均匀

10厘米长

面团
面粉600克
酵母5克
泡打粉5克
砂糖60克
清水300克

馅料
葱75克
盐2克
味粉2克
砂糖2克
金华火腿蓉10克

做 法

1. 将所有材料放入搅拌机内打至光滑,再分别用压面机碾压8~10次,用时再压3次。
2. 把面团出体,每个重225克,开成直径约18厘米大的圆形饼,包入馅料19克,捏成圆包状,按扁。
3. 放蒸笼中恒身至发胀约一倍。
4. 用猛火蒸18分钟便成,放凉后用保鲜纸包好,放入冰箱。
5. 用时先蒸热,再用中火半煎炸至金黄色或是用镬煎至金黄色,用刀切开,一分为十二。

大葱（京葱）

中国人爱用葱调味，北方会用大葱，它状如外国的大蒜，茎部发达粗壮，白色部分占全葱几近一半，味道浓烈，以生吃为主，亦是北方调味料的主角。南方的葱比较纤细，分为水葱和红头葱两大类。水葱外形绿白分明，味道清淡；红头葱的头部呈紫红色，味道浓郁，头大身细，香味十足，倘若不用绿色部分，只用葱头部分就是干葱头，它用于起镬、调味伴炒，都是极为美味的提鲜好料。

认材为用

原来如此

Q 包身为何胀发不起？

A 第一个原因是用了不恰当的水温，使酵母丧失活动能力，甚至杀掉它们，造成面团发不起。此外，过分搓揉面团，会令网络纠缠纷乱，影响到网络结构结集，令面团变得死实，不能胀发。第三个原因便是发酵温度过低，也会令面团胀发不起。

专业指导

包身胀发不够，面团泻身，造型扁平，色泽尚可。

由于卷折葱油饼的方式不同，先是把面团包入京葱，卷长条状，再卷折成蛇饼似的，所以便会出现这样的造型，中间位置出现空隙。

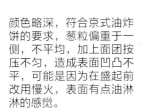

颜色略深，符合京式油炸饼的要求，葱粒偏重于一侧，不平均，加上面团按压不匀，造成表面凹凸不平，可能是因为在盛起前改用慢火，表面有点油淋淋的感觉。

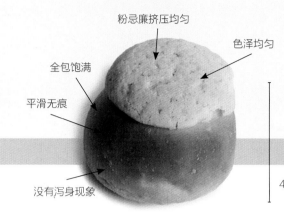

粉忌廉挤压均匀

色泽均匀

全包饱满

平滑无痕

没有泻身现象

4厘米高

直径6厘米

墨西哥包

材料

面团
筋面粉（即面包粉）600克
砂糖115克
盐3克
酵母8克
鸡蛋1个
纸包奶38克
清水300克
猪油38克
食用柠檬黄色素少许

墨西哥粉忌廉
面粉756克
牛油1360克
糖霜150克

做法

面团
将面粉及其他材料放入搅拌机内以慢速打至幼滑，至少搅打20分钟，再用盆盛起，面盖保鲜纸，恒身1小时至膨胀，再用手拍出面团里面的空气。

墨西哥粉忌廉
将所有材料拌匀便成。

组合
面团出体，每个重30克，放入盆中醒发，包面挤上粉忌廉八成左右，焗炉预热至180℃，把面包入炉，用面火180℃、底火160℃焗至金黄色，需时10～12分钟即成。

奶粉

奶粉是乳类加工制品，由液体奶蒸发，去掉水分，变成粉状。特质干爽，味道甜美清香，颗粒幼细，只要用清水调匀，便可恢复为牛奶。奶粉的干燥方法有两种。一为喷雾式干燥，即液体牛奶经浓缩，喷成细小雾状，再与100℃以下的空气接触，雾状牛奶水分蒸发，而成浓度高的奶粉。另一种是滚筒式干燥，利用两个温度超过100℃的内通热气滚筒，进行旋转滚动时，牛奶黏附于滚筒上，水分蒸发后可刮出晶体，得到的奶粉因受热过高，蛋白质变性，含焦牛奶味，用水溶解会含沉淀物。

认材为用

原来如此

Q 为何在面团里加入乳化剂？

A 乳化剂是一种人造添加剂，具强化面糊的气泡的能力，能增大体积，令面团的结网组织幼细紧密，质感柔软，制品细致而富弹性，可以延长贮藏时间。由于具有以上特质，所以在中式包内会添加少量乳化剂，以稳定面团的网络结构，保持面团的空间，予以足够膨胀空间却不会令气孔过大，并保持面包有弹性和绵密质感。

专业指导

粉忌廉挤不均匀，包子色泽略淡，包形尚算饱满，恒身恰当，没有泻身状况。

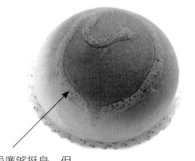

包面的粉忌廉够挺身，但是过薄，所以面火把粉忌廉烘得变色，层次不分明，称不上合格。

包子在滚圆时，没有完全把空气排出，所以表面有气泡，不够幼滑。

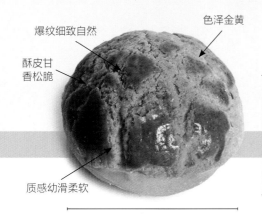

爆纹细致自然

色泽金黄

酥皮甘
香松脆

4厘米高

质感幼滑柔软

直径5厘米

菠萝包

材料

面团
筋面粉（面包粉）600克
砂糖115克
盐3克
酵母8克
鸡蛋1个
纸包奶38克
清水300克
猪油38克

菠萝酥皮
面粉300克
砂糖255克
猪油115克
牛油49克
花奶23克
鸡蛋1/2个
梳打粉9克
泡打粉6克
食用柠檬黄色素少许（调色，后
下）

扫面
蛋液适量
花奶适量

做法

面团

将面粉及其他材料放进搅拌机以慢速打至幼滑，至少搅打20分钟，再用盆盛起，上面盖上保鲜纸。恒身后再用搅拌机继续搅打10分钟。

菠萝酥皮

将猪油、牛油、砂糖和梳打粉用快速打至浮软且呈奶白色，然后混入食用柠檬黄色素、鸡蛋和花奶调色，加入其他材料继续搅打成团，放入冰箱冷冻备用。

组合

面团分成每个重30克，滚圆后醒发一会，扫蛋液。菠萝酥皮出体，每个重约11克，用刀背拍扁后放在包面，再扫上蛋液入炉，焗炉预热至180℃，用面火180℃、底火100℃焗至面包呈金黄色，其间待酥皮面变干身，可酌量扫点蛋液（即翻蛋），烘至金黄色即成，需时10~12分钟。

TIPS

1. 扫蛋液要加少许花奶调稀，以增加菠萝面的颜色效果。
2. "滚圆"是行内术语，意即用手掌心不停旋转滚动面团，赶走面团内的空气，使它变得结实。
3. 面包师傅会在面团中加入食用色素，令包身带黄色。

食用色素

食用色素可分为天然色素和人工合成色素两大类。天然色素来自新鲜蔬果如甘笋、菠菜、绿茶、车厘子等，色泽自然，味道天然，不含防腐剂。人工合成色素，色泽鲜艳，性质稳定，着色力强，使用方便，不过可能含有对人体有害的物质。人工合成色素的可用品种及使用分量均有标准。

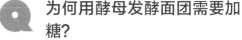

专业指导

包子颜色不足，裂纹不够细致，酥皮松脆度不足。

包面扫的蛋液过浓和过厚，使酥皮不容易爆裂，裂纹不够碎裂。

酥皮过大，盖在包子上令包子不能向高空发展，只能向横发展，烘色不足。

酥皮过大，加上滚圆不足，令面团存有空气，受热后膨胀而出现气泡。

认材为用

原来如此

Q 为何用酵母发酵面团需要加糖？

A 酵母是一种生物膨胀剂，它和其他活微生物一样，需要提供充足营养才能发挥作用。砂糖给予它营养，有助于它迅速恢复活力，加快繁殖，有利于产生大量二氧化碳，使面团膨胀多孔，富有弹性。不过，若糖的用量过多，浓度过高，糖液渗透压增大，酵母的细胞会脱水，造成萎缩，抑制酵母的生长和繁殖，不利于面团的胀发，轻则延长发酵时间，重则使面团发不起。

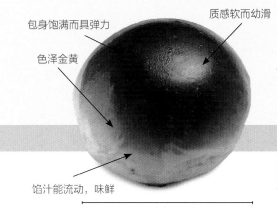

包身饱满而具弹力

质感软而幼滑

色泽金黄

馅汁能流动，味鲜

3厘米高

直径5厘米

叉烧餐包

材料

面团
筋面粉（面包粉）600克
砂糖115克
盐3克
酵母11克
鸡蛋1个
纸包奶38克
清水300克
猪油38克

叉烧馅
叉烧包芡汁450克（参阅"叉
　烧包"，第136页）
叉烧300克
炒香洋葱粒115克
葱油19克

油糖水
糖胶38克
清水38克
生油10克

做法

面团

将面粉及其他材料放进搅拌机内，以慢速打至细滑，至少搅打
20分钟，再用盆盛起，盖上保鲜纸。恒身后再用搅拌机继续搅
打10分钟。

叉烧馅

叉烧馅参阅"叉烧包"的做法。

组合

1. 用油糖水拌匀所有材料。
2. 面团出体，每个重30克，滚圆，压平，直径约为6厘米，包
　入叉烧馅19克，放焗盘内恒身至八成左右，喷水或扫蛋液便
　可入炉，用面火180℃、底火100℃焗至金黄色，取出扫糖
　油水，回炉继续焗至包面干身，全程需时10~12分钟。

TIPS

叉烧包芡汁与叉烧的比例为750克比600克。

洋葱

全世界均有洋葱出产，分为红洋葱、黄洋葱和白洋葱，含辛辣味道，十分呛鼻，尤以红洋葱的味道最浓烈，一般用作副料或用于起镬。生吃红洋葱，味道虽带点辣却带点独特甜味，外国人爱用它拌沙律，或是蘸脆酱酥炸，风味十足。黄洋葱味道略清淡，适合炒菜和煮汤。白洋葱味道适中，适合一般的烹煮。

认材为用

专业指导

包面的金黄色泽来自蛋液，如果想颜色深一点，便要在烘焙时来回扫蛋液多次。

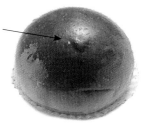

包面不够平滑，因为面团入炉前未完全排出空气所致。

面包恒身时，相隔空间过窄，故膨胀后面团相连在一起。

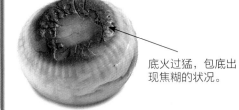

底火过猛，包底出现焦糊的状况。

原来如此

Q 为何包面要扫糖油水?

A 广东人爱甜，点心师为了迎合顾客的需求，会在甜包上扫糖水。不过，单扫糖水会有点黏稠的感觉。为避免糖水在包顶凝结而令包面又硬又实，点心师会在出炉前扫点"油糖水"，此举除了增加油润色泽和香味，也可令包面看上去有一种甜润感觉。为了使包面色泽艳丽，达到预期的效果，扫油糖水后回炉焗透，能令糖水均匀溶在四周，颜色更深。

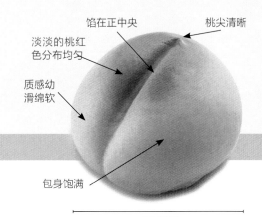

淡淡的桃红
色分布均匀

馅在正中央

桃尖清晰

质感幼
滑绵软

包身饱满

5厘米高

5厘米宽

寿桃包

材料

面团
面粉600克
酵母6克
泡打粉6克
砂糖113克
纸包奶300克
猪油9克

馅料
莲蓉300克
咸蛋黄5个

做法

面团

将面团材料同放进搅拌机中，以慢速搅打至滑身，至少搅打25分钟，取出恒身，待发起后转放搅拌机中打10分钟，便可出体做包。

馅料

咸蛋黄一分为八，然后用26克莲蓉包入1粒咸蛋黄。

组合

1. 将面团出体12粒，每粒重19克，每粒馅料重26克，全包重45克。
2. 把包执成桃形，恒身15分钟，放蒸笼中以大火蒸3分钟，取出放凉3分钟，用馅挑从底部向上压纹，再回炉蒸3分钟，取出趁热弹上颜色。

TIPS

1. 寿桃包必须蒸至胀身才能取出压纹，否则印纹不清。
2. 趁热弹色，包身颜色明显，如果先弹色后蒸包，颜色会因蒸汽而变淡，不美观。

咸蛋黄

足味的咸蛋，蛋黄橙红，经蒸熟后会有"流油"效果，具沙粒似的质感。蛋农采用的饲料能决定蛋黄色泽，可按需要采用饲料，调校颜色。

原来如此

 咸蛋黄为何会出油？

 咸蛋黄能出油，主要是因为新鲜鸭蛋经腌制，盐分渗入蛋内，使它的蛋白质变性凝固，把蛋黄中的油脂释出，所以咸蛋蒸熟后，蛋黄的脂肪就会游离出来。油脂含量的多少决定咸蛋的优劣。

专业指导

寿桃包挑弹颜色时太浅，包形虽完美，颜色却不足，导致寿桃包一片白茫茫，不美观。

收口马虎，面团和馅料的比例欠佳，或是碾皮的力度不均，所以馅料透于包底。

寿桃的印痕按压不正中，下刀偏侧，做不到寿桃包的应有造型。

美食笔记

美食笔记